全国中等卫生职业教育规划教材

案例版™

供中等卫生职业教育各专业使用

职业道德与职业生涯规划

主 编 吴 昊 丁 梅

副主编 孙丽娟

编 者 （按姓氏汉语拼音排序）

崔爱华 丁 梅 李 英 孙丽娟

吴 昊 邢腊霞 杨雅静

科学出版社

北 京

内 容 简 介

　　本书是全国中等卫生职业教育规划教材之一,共分七章。内容包括职业文明、道德境界及规范、职业理想与能力培养、职业生涯规划、发展目标及发展措施、就业准备、创业等。每章节设有案例、链接、考点提示等栏目,便于学生加深理解,巩固概念,并可提高趣味性,培养学生实际解决问题的能力,力求最大限度地帮助学生就业,促进其职业发展。

　　本教材可供中等卫生职业教育各专业学生使用。

图书在版编目(CIP)数据

职业道德与职业生涯规划 / 吴昊,丁梅主编 . —北京:科学出版社,2013.2
全国中等卫生职业教育规划教材
ISBN 978-7-03-036722-8

Ⅰ. 职… Ⅱ.①吴… ②丁… Ⅲ.①医药卫生人员-职业道德-中等专业学校-教材 ②医药卫生人员-职业选择-中等专业学校-教材 Ⅳ.R192

中国版本图书馆 CIP 数据核字(2013)第 030068 号

策划编辑:袁 琦 / 责任编辑:王佳家 / 责任校对:何艳萍
责任印制:赵 博 / 封面设计:范璧合

科学出版社 出版
北京东黄城根北街 16 号
邮政编码:100717
http://www.sciencep.com

新科印刷有限公司 印刷
科学出版社发行　各地新华书店经销
*

2013 年 2 月第 一 版　　开本:850×1168　1/16
2016 年 9 月第四次印刷　　印张:6
字数:186 000

定价:15.00 元
(如有印装质量问题,我社负责调换)

前　言

对于刚刚进入中等职业卫生学校的我们来说一切都是新鲜的,同时也对未来充满了渴望。那么,如何顺利完成从"学校人"到"职业人"的转变,成为职场的佼佼者呢?《职业道德与职业生涯规划》这门课程将帮助我们正确认识成功的秘诀,那就是"性格决定命运,细节成就人生",机会总是留给有准备的人。要想成就梦想,首先要学习的就是怎么做一个"知礼仪、有道德"的智者,聪明的人知道行动会成为习惯,而习惯造就性格,性格差异正是导致每个人具有不同命运的原因之一。具有良好道德品质和职业行为习惯的人会爱岗敬业、乐于奉献,视工作为一种快乐,自然心情舒畅,容易取得成功。同时,科学地进行职业生涯规划,掌握职业规划的基础知识和常用方法,将有助于我们规范和调整自己的行为,从而实现顺利就业,铸就医疗职场成功。

这门课程共七章,前两章我们主要一起感悟道德的魅力和职业道德的风采,后五章我们将体会到自身条件和职业生涯环境与合理进行职业规划的关系,同时我们将会学到必要的求职技巧,认识到养成积极进取的竞争意识、保持乐观的人生态度、建立良好的人际关系是职场新人必备的就业、创业心理素质。对于想自主创业的同学,本课程也给予了创业者素质和创业流程方面的指点与帮助。

要学好这门课程,就要找到正确的学习方法。首先,学好这门课程,需要联系自己所学的医学专业,在职业道德学习的过程中,积极参与小组讨论、案例分析、模拟演示等课堂活动,加强感悟,将知识内化为自身的信念。其次,在职业生涯规划设计过程中,要立足所学专业,与同学们互相交流、互相启发,加强自我控制能力和团队精神的培养。

总之,《职业道德与职业生涯规划》这门课程,不仅仅是知识的学习,更是我们人生的向导和行动的指南。它将教会我们在从小小校园通往人生大舞台的关键时刻,如何积蓄能量、怎样把握机会,从而适时发展自己;它将教会我们在思维敏捷、斗志昂扬的黄金年龄,怎样去构建发展台阶、如何制定发展措施,从而脚踏实地积极进取。

只有学习上的有心人才能成为生活的智者,学习一门课程不仅仅在于知识本身,更在于情感的培养、能力的提高。我们的生活中从来不缺少美,缺少的是智慧的眼睛,希望同学们拥有一双慧眼找寻到学习的快乐,顺利完成从"学校"到"职场"的蜕变,蓄积勃发、成就梦想!

编　者

2012 年 11 月

前　言

目　　录

第1章　塑造良好形象　讲究职业文明

案例 1-1

某公司经理对他为什么要录用一个没有任何人推荐的小伙子时说:"他带来了许多介绍信。他服饰整洁;在门口蹭掉了脚下带的土,进门后随手轻轻地关上了门;当他看见残疾人时主动让座;进了办公室,其他的人都从我故意放在地板上的那本书上迈过去,而他却很自然地俯身捡起并放在桌上;他回答问题简洁明了。这些难道不是最好的介绍信吗?"

问题:

1. 经理话中的"介绍信"指的是什么?

2. 这些"介绍信"介绍了小伙子哪些优点?

第1节　个人礼仪提升自己的个人魅力

一、个人礼仪的基本要求

(一) 礼仪的含义及其功能

中国是一个具有五千年悠久历史的文明古国,素有"礼仪之邦"的美誉。礼仪是人类社会发展的产物,是一个民族道德修养和文明程度的外在表现。礼仪文化是整个民族乃至人类文化的一部分,没有礼仪的社会是不可想象的。

1. 礼仪的含义　礼仪是指人们在社会交往中形成的尊重他人的行为规范与准则。礼仪的本质是尊重,即在人际交往中尊重自己、尊重别人。

礼仪的内容包括礼貌、礼节、仪表、仪式等。礼貌是指在人际交往中表示尊敬和友好的行为规范。主要表现人的品质与素养。礼节是指在交际场合表达对对方尊重和友好的惯用形式。如握手、鞠躬、献花等。仪表即人的外表,是礼仪在个人外在形象方面的体现,包括容貌、服饰、体态等方面。仪式是指一定场合举行的具有专门规定的形式和程序的规范活动。如升旗仪式、签约仪式等。

考点提示:礼仪的含义、基本内容

2. 礼仪的功能

(1) 礼仪有助于提高人们的自身修养。在人际交往中,礼仪往往是衡量一个人文明程度的准绳,可以说礼仪即修养。

(2) 礼仪有助于人们美化自身,美化生活。

(3) 礼仪有助于促进人们的社会交往,改善人际关系。礼仪是人际关系的"润滑剂",一个人只要同他人打交道,就不能不讲礼仪。

(4) 礼仪有助于净化社会风气,推进社会主义精神文明建设。

(二) 个人礼仪的基本要求

个人礼仪主要表现在一个人的仪容仪表、言谈举止等方面,是一个人内在修养的外在表现。

个人礼仪的基本要求是:仪容仪表整洁端庄,言谈举止真挚大方,服装饰物搭配得体,表情自然舒展。

考点提示:个人礼仪的基本要求

链接

《容止格言》

南开大学的创始人严修制定了《容止格言》,要求学生"面必净、发必理、衣必整,纽必结,头必正、肩容平、胸容宽、背容直;气象:勿躁、勿暴、勿殆;颜色:易和、宜静、宜庄",周恩来总理在上学时,就是以此为言谈举止的规范,养成了举世公认的非凡气质和令人折服的优雅风度。

1. 仪容礼仪　仪容,主要是指一个人的容貌,包括面部、头发等,是你留给别人的第一印象,也是改变一个人的第一步。仪容不仅会引起交往对象的特别关注,而且可以影响到对个人的整体评价。虽然美丽容貌在很大程度上依赖于遗传,但后天的、适当的修饰,也有举足轻重的作用。

仪容礼仪总的要求是整洁干净、修饰得体。具体要求如下:

(1) 面部:保持面部清爽干净,口气清新,及时清除眼角、鼻腔、耳朵中的分泌物。男士应剃净胡须,剪短鼻毛;女士在工作岗位上应做到淡妆上岗,忌浓妆艳抹。对于学生来说,是不可以,也不需要化妆的。在正式场合,女性不化妆是会被认为不礼貌的。但女性不能在公共场所当众化妆或补妆,如有需要,应该在卧室、化妆间或洗手间进行,不要当众表演,这样会被认为没教养。

（2）头发：保持头发整洁，要经常洗头，做到不能有味、不能出绺、不能有头皮屑。发型得体，应根据自己的脸型、体型、年龄、发质、气质、职业等选择发型。男士应留干净、整洁的短发。对于女性来说，短发精明能干，中发飘逸轻便，这两种发型适合各种场合；长发能表现女性的温柔与妩媚，但不太适合职场。在学习、上班或重要场合中，女性应遵循前不遮眉、后不过肩的原则，以束发、盘发或短发为宜。学生应不留长发，不染发、烫发，不留怪发型。

（3）手部：手是人的第二张脸，要养成勤洗手、勤剪指甲的习惯。不留长指甲，不涂艳丽的指甲油。

2. 服饰礼仪　在人际交往中，第一印象很重要，而这第一印象就来自个人形象，包括仪容、服饰、仪态等，其中服饰对人的仪表有很强的修饰作用。在不同场合，得体地着装或佩戴饰品是一种礼貌，能给人留下良好的印象。所以，穿衣或佩戴饰品是"形象工程"，它不仅反映出一个人的审美情趣、文化修养、社会地位及职业，也能表现出一个人对自己、对他人、对生活、对工作的态度。

（1）着装的基本要求

1）整洁合体：一个人的服装一定要保持干净、整洁、平整，穿着合体。

2）搭配协调：服装的色彩、配饰应相互协调，形成和谐的整体美。一般而言，一次着装不要超过三种颜色，否则会给人杂乱无章的感觉。

链接　服装的TPO原则

TPO原则是服饰礼仪的基本原则之一。TPO即英语"Time"（时间），"Place"（地点），"Object"（目的）的缩写，具体是指穿衣服要适应时间、地点和目的。

（1）时间：泛指早晚、季节、时代等。穿衣要考虑这些因素，注重时间变化。

（2）地点：主要是指我们将要出现的具体环境，一般分为上班、社交和休闲三大类型，据此决定自己的穿着打扮。上班、社交的场合属于正式场合，在正式场合的穿着称为正装，即正式、规范的装束；休闲的场合属于非正式场合，在非正式场合的穿着称为便装，即轻松、随便的装束。上班时的穿着要庄重、大方、传统；社交时的穿着要时尚、典雅；休闲时的穿着要方便、舒适。

（3）目的：主要是指我们通过穿着想留给别人的印象。女士穿套裙去面试，为了显得成熟稳重；穿牛仔装去郊游，为了让人感到活泼开朗、容易接近。

3）符合身份：着装应符合自己的职业、身份、年龄、性别、体型、肤色等。比如，教师的着装应庄重；学生的着装应大方整洁，不宜追求时尚，也不宜成人化；医生的着装应显得稳重而富有经验。

4）随境而变：着装应该随着环境的不同而有所

变化。在社交场合，要穿西装、套裙、礼服等。在工作场合，要穿职业服装或工作服，总体上要简洁、大方、素雅、稳重。在校学生要穿校服。在休闲、旅游、娱乐时，要尽量适合都市流行气息，充分发挥服饰搭配的个性，色彩宜明亮些、丰富些。

考点提示：着装的基本要求

链接　穿校服的意义

首先，可以增强学生的团体意识，即集体主义精神；其次，便于学校的统一管理；再次，可以消除学生的攀比心理；最后，可以培养学生衣着朴素的良好习惯。

（2）不恰当的着装：①过分时髦；②过分暴露；③过分正式；④过分潇洒；⑤过分可爱。

此外，正式场合不要穿短裤、背心、超短裙、拖鞋等。出入公共场合或接待客人不能穿家居服。参加社交活动，进入室内应脱掉大衣、帽子、手套，摘掉墨镜。

（3）佩戴饰物的原则：佩饰较之服装更具装饰、美化形象的功能，但饰物的佩戴必须符合一定的礼仪规范和佩戴原则，以达到展示高雅、合理渲染的效果。佩戴饰物要遵循以下原则。

1）以少为佳：全身饰物最好不超过三件。真正使其起到"点缀"作用。

2）同色同质：同时佩戴多种饰物，其色彩、质地应相同，这样才可以产生整体和谐的美。

3）符合身份：佩戴饰物还要符合本人身份，与本人性别、年龄、职业以及环境相符合。比如，有一些已婚女性，将戒指戴在中指上，这是不对的。不是新娘不准把戒指戴在手套外面。

链接　戒指的暗示

戒指一般戴在左手。戴在无名指上，表示已结婚；戴在中指上，表示已订婚或正处在热恋中；戴在小手指上，表示自己是独身主义者；如果把戒指戴在食指上，则表示无偶或求偶。

4）搭配协调：饰物是服装整体中的一个环节，要服从服装风格，应根据服装的款式、质地、色彩来搭配。

5）遵守习俗：在正式场合佩戴饰物一定要注意遵守当地的习俗。参加外事活动时，不戴有猪、蛇生肖以及"十"字形的挂件。

3. 仪态礼仪　仪态，又称"体态"，是指人的身体姿态，即人的身体所呈现的样子。一般包括站姿、走姿、坐姿和蹲姿等。现代人往往对"风度"这个词津津乐道，其实，所谓风度，指的就是优美的仪态。仪态的美从某种意义上来说比仪容的美更重要。

（1）站姿：站姿，即人在站立时的姿态。"站立有相"是对一个人礼仪修养的基本要求。

1）规范的站姿：①女性站姿，收颔，挺胸，目视前方，双手叠放或相握于腹前。双腿并拢，脚跟靠紧，脚尖分开呈"V"字形或"丁"字步。②男性站姿，抬头，挺胸，双眼平视，双肩稍向后展并放松。双手自然下垂，掌心向内，分别贴放在大腿两侧，也可将右手握住左手腕部上方自然贴于腹部，或背在身后。双腿并拢，脚跟靠紧，脚尖分开呈"V"字形。

2）站姿注意事项：站立时切忌东倒西歪，耸肩驼背，左摇右晃，两脚岔开距离过大；站立交谈时，身体不要倚门、靠墙、靠柱，手势不要太多太大；在正式场合站立时，不要将手插入衣服口袋或交叉在胸前。

链接

从站姿看性格与心理

（1）背脊挺直、胸部挺起、双目平视的站立：说明有充分的自信，给人以"气宇轩昂"、"心情乐观愉快"的印象，属开放型。

（2）弯腰曲背、略现伛偻状的站立：表现出自我防卫、闭锁、消沉的倾向，同时，也表明精神上处于劣势，有惶惑不安或自我抑制的心情，属封闭型。

（3）两手叉腰而立：是具有自信心和精神上优势的表现，属开放型。

（4）别腿交叉而立：表示一种保留态度或轻微拒绝的意思，也是感到拘束和缺乏自信心的表示。

（5）将双手插入口袋而立：具有不袒露心思，暗中策划、盘算的倾向；若同时配合有弯腰曲背的姿势，则是心情沮丧或苦恼的反映。

（6）靠墙壁而立：有这种习惯者多是失意者，通常比较坦白，容易接纳别人。

（7）背手站立者：多半是自信心很强的人，喜欢把握局势，控制一切。一个人若采用这种姿势处于人面前，说明他怀有居高临下的心理。

（8）双手放在臀部站立：有这种习惯的人多半是急性子，他们希望一切都不要拖拉；凡事喜欢速战速决。

（2）走姿：走姿，即人行走时的姿态。行走时应如古人所说的"行如风"，呈现出动态之美。

1）规范的走姿：①头正，双目平视，收颔，表情自然平和。②肩平，要双肩平稳，双臂自然摆动。③躯挺，要挺胸收腹立腰，身体稍前倾。④步位直，在行走时，双脚应交替踏在一条直线上。⑤步幅适当，行走中两脚落地的距离大约为一个脚长，即前脚的脚跟距后脚的脚尖相距一个脚的长度为宜。⑥步速平稳，行进的速度应当保持均匀、平稳，匀速前进，不要忽快忽慢。行走速度，一般男士每分钟108～110步，女士每分钟118～120步。

2）禁忌的走姿：①方向不定，在行走时，方向不明确，忽左忽右。②瞻前顾后，行走时，左顾右盼。③速度多变，行走时，忽快忽慢，或突然快步奔跑，或突然止步不前。④声响过大，在行走时，用力过猛，脚步声太响。⑤八字步态，在行走时，两脚脚尖向内侧伸是内八字，或两脚脚尖向外侧伸是外八字，步态都不雅。

链接

行走的礼仪规范

（1）走路要靠右边走。

（2）两人同行时，以前者、右者为尊；三人同行时，并行以中间为尊，前后行为以前者为尊。

（3）陪同引领：行走速度要根据客人的步速来确定，与客人相协调。并行时，让客人走在右侧。引领时，走在客人左前方1米左右。

（4）上下楼梯时，要靠右侧，不宜多人并排，更不能站在楼梯上或楼梯拐角处谈话，妨碍他人通行。与他人一起上下楼梯，上楼时在尊者的后面相距一两个台阶，下楼时在尊者的前面相距一两个台阶，并让尊者走在靠扶手的一边。

（3）坐姿：坐姿，即人就座之后所呈现出的姿势。坐姿一定要端正安稳。

1）规范的坐姿：面带微笑，双目平视，微收下颔。双肩平正放松，两臂自然弯曲放在腿上，掌心向下。立腰、挺胸、上体自然挺直。双膝并拢，男士两腿两脚可略分开。正式场合，不能坐满座位，一般只占座位的2/3。

2）入座的要求：①注意顺序，入座时要讲究先后顺序，礼让尊长，不能抢先就座。②讲究方位，正式场合应从左侧入座，左侧离座。③落座无声，无论是落座还是调整坐姿、移动座椅，都不宜发出声响。④入座得法，就座时，应转身背对座位。如距座位较远，可以右脚后移半步，待腿部接触座位边缘后，再轻轻坐下。女士若穿裙子则应将裙子往前拢一下，以显得端庄娴雅。

考点提示：入座的方位

3）几种常用坐姿：①基本坐姿，又称正襟危坐式，适合于最正规的场合，要求上身与大腿、大腿与小腿、小腿与地面，均为直角，膝盖和脚跟并拢。男士就座后双腿可张开一些，但不应宽过肩。②两腿叠放式，适合于穿短裙子的女士采用。造型极为优雅，有一种大方高贵之感。要求：将双腿完全一上一下交叠，交叠后的两腿之间没有任何缝隙，犹如一条直线。两脚可自然斜放或直放，斜放后的腿部与地面呈45°夹角，叠放在上的脚尖垂向地面。③双腿斜放式，适合于穿裙子的女性在较低处就座采用。要求：双膝先并拢,然后双脚向左或向右斜放,力求使斜放后的腿部与地面呈45°。④交叉式,适用于各种场合,男女皆可选用。要求:双膝并拢,然后双脚在踝部交叉,交叉后的双脚可以内收,也可以斜放,但不宜向前方远远直伸出去。

(4) 蹲姿:蹲姿,即人下蹲的姿势,常用于捡物品、帮助他人等。

1) 规范的蹲姿:站在所取物品的旁边,双腿并拢,屈膝低腰,臀部向下,保持身体平衡。注意下蹲的方向不要正对着人。

2) 常见的下蹲姿势:①交叉式蹲姿,下蹲时,一脚在前,一脚在后,在前的小腿垂直于地面,全脚着地。两腿交叉重叠,臀部向下,上身稍前倾。适用于女性。②高低式蹲姿,下蹲时,一脚在前,一脚稍后,前面的脚着地,小腿垂直于地面,后面的脚脚跟提起,两膝内侧紧靠。臀部向下,基本上以后面的腿支撑身体,手放膝盖上方。

4. 中职生仪容仪表规范　仪容仪表是形成第一印象的首要条件,美好的第一印象将会起到先入为主的神奇作用。中职生仪容仪表应符合学生的身份和特点,整洁大方,朴素得体。

(1) 男生不留长发,不剃光头,不染发、烫发,不留怪发型,做到前发不覆额、后发不及领、侧发不掩耳。

(2) 女生要求留短发或扎马尾辫,前额刘海不遮眉,不披头散发,不烫发、染发,不梳怪发型,不化妆,不涂指甲油。

(3) 穿戴干净整洁,朴素大方,不穿奇装异服,不佩戴饰物。

(4) 不得穿拖鞋进入校园,女生不得穿高跟鞋。

二、个人礼仪的作用

人们对他人的第一印象主要来自于对其性别、年龄、相貌、服饰、表情、姿态、谈吐、举止等外在因素的感受。这就是“第一印象”效应,也叫首因效应。

心理学的研究表明,人的知觉的第一印象往往形成顽固的心理定式,通常在30秒内形成的第一印象,对后期一切信息将产生指导效应。

第一印象对人有多重要,个人形象就有多重要。有人说,能给人留下美好的第一印象就成功了一半,这说明了个人礼仪的重要性。

个人礼仪是一个人基本素养的外在表现,是衡量一个人文明程度的重要标准。其作用表现在:①个人礼仪有助于我们塑造良好的个人形象。②个人礼仪有助于改善我们的人际关系。③个人礼仪有助于展现良好的组织形象,促进组织发展。④个人礼仪有助

于完善我们的人格,调节我们的道德行为。⑤良好的个人礼仪是社会主义精神文明建设的基础。

总之,要塑造良好的个人形象,就必须重视个人礼仪的养成。

三、养成遵守个人礼仪的习惯

中职生在日常生活中的一言一行、一举一动都要注重个人礼仪,要养成良好的站、坐、行等合乎礼仪规范的习惯,提高个人的品格修养,塑造自己的良好形象,为进一步发展打下良好的基础。

良好的个人礼仪对塑造个人形象具有重要作用,但它并不是与生俱来的,需要经过后天的不断学习、实践,以及不懈的努力才能养成。

首先,养成遵守个人礼仪的良好习惯,需要我们加强学习,自觉按照个人礼仪规范的要求去做事,在日常生活中,注意自己的仪容、服饰、仪态等要符合礼仪规范。

其次,养成遵守个人礼仪的良好习惯,要加强自律,学会自我约束,逐步改正自己的不良习惯,提高个人礼仪修养水准。

最后,养成遵守个人礼仪的良好习惯,还需要来自家庭、学校、社会的良好氛围,以及周围人的帮助。

让我们积极行动起来,促进礼仪习惯的养成,从我做起,从身边小事做起,塑造新时期青年学生的良好形象。

第2节　交往礼仪营造和谐人际关系

一、交往礼仪的基本要求

人在社会生活中,总要与他人进行交往,这种人与人之间的交往就是人际交往。交往礼仪就是指人们在交往过程中的行为规范与准则。遵守日常交往礼仪是人们进行社会交往,营造和谐人际关系的重要条件。

考点提示:交往礼仪的含义

交往礼仪的基本要求是平等尊重、诚实守信、团结友爱、互助互利。

下面介绍几种人际交往中常见场合的基本礼仪。

(一) 介绍礼仪

介绍就是向外人说明情况,是人际交往活动中最常见,也是最重要的礼节之一。它是人与人进行相互沟通的出发点,最突出的作用就是缩短人与人之间的

距离。常见的介绍形式有自我介绍和为他人作介绍两种。无论是哪种介绍，都必须遵守一定的礼仪规范。

1. 自我介绍 自我介绍是社交活动中最常见的一种介绍方法。在各种场合，你遇到不认识的人，又很想认识他，如果旁边没有能帮你介绍的人，你便需要作自我介绍。自我介绍也是一种行之有效的认识他人的方法，因为你作了自我介绍，他也必须介绍自己。

（1）自我介绍的时间：自我介绍的时间应该在半分钟左右，最长不超过1分钟。

考点提示：介绍的时间

（2）自我介绍的顺序：介绍的标准化顺序就是"位低者先行"，就是地位低的人先做介绍。例如，主人先向客人做介绍；长辈和晚辈在一起，晚辈先做介绍；男士和女士在一起，男士先做介绍；职位低的人和职位高的人在一起，职位低的人先做介绍。

（3）自我介绍的内容

1）寒暄式，又叫应酬式：面对不想深交的人时用这种模式，只需要介绍姓名。

2）公务式：这是在工作中或正式场合常用的模式。一般包括单位、部门、职务、姓名四方面的内容。

3）社交式：在私人交往中，想认识对方，并想同对方交朋友时用。一般包括姓名、职业、籍贯、兴趣爱好、共同认识的人等几方面内容。实际上就是找彼此之间的共同点。

2. 为他人作介绍 为他人作介绍，又叫第三者介绍，即自己作为第三者，为不相识的双方做介绍。

（1）介绍的顺序：在为他人作介绍时，要按照"位尊者优先了解情况"的原则进行。就是把双方之中地位较低的一方首先介绍给地位较高的一方。例如，将男士介绍给女士；将年轻者介绍给年长者；将职务低者介绍给职务高者；将客人介绍给主人；将晚到者介绍给早到者。

考点提示：介绍顺序应遵循的原则

（2）介绍的内容

1）社交式：类似于自我介绍时的应酬式，介绍名字就够了。

2）公务式：它是在正式场合的介绍，要求说明单位、部门、职务、姓名。

链接
使用名片的注意事项
递送名片时，要用双手的大拇指和食指拿住名片上端的两个角，名片的正面朝向对方，同时说"初次见面，请多多关照"、"非常高兴认识您"等礼貌性语言；接受名片时，要起身迎接、口头致谢、仔细阅读、回敬对方、放置到位。

另外要注意：如坐着，尽可能起身接受对方递来的名片；辈分较低者，率先以双手递上个人的名片；二人同行，要等上司递上名片后再递自己的；接受名片后，不宜随手置于桌上或放在裤兜内；不可递出污旧或皱褶的名片；避免由裤子后方的口袋掏出名片。

（二）电话礼仪

电话是现代通信工具之一，随着科技的发展和生活水平的提高，电话日益成为人们沟通的桥梁。通过电话的交谈，一般可以判断一个人的教养水平和文化程度。因此，电话礼仪不容忽视。

1. 打电话礼仪

（1）选择好通话时间：一般不宜打电话的时间是：①晚上10点之后，早上7点之前。②三餐的时间。③午休时间。

考点提示：不宜打电话的时间

（2）控制通话的长度：通话时间宜短不宜长，每次通话时间不宜超过3分钟，即国际上统称的打电话"3分钟原则"。

考点提示：通话时间的长度

（3）用语要规范：接通电话后，应主动问好，自报一下家门和证实一下对方的身份。打电话要坚持用"您好"开头，"请"字在中，"谢谢"收尾，态度温文尔雅。

2. 接电话礼仪

（1）迅速接听：电话铃响后，应马上接听，最好不要超过3声，6遍后就应道歉。

（2）自报家门：接到对方打来的电话，拿起听筒应首先自我介绍："您好！我是×××。"

（3）注重礼节：接电话时，一定要面带微笑，认真倾听，不随便打断对方讲话，要搞清楚对方来电的目的，并尽可能迅速地做出相应的回答。接听电话时要停止吃东西和喝水。如果正在看电视或者听广播，应把音量放低。如果所找人在，则说"请您稍等一下，我去叫×××来接电话"。如果所找人不在，则说"对不起，×××现在不在，请问您需要我转达吗"？

3. 手机的使用规范

（1）特殊场合不能使用：驾驶汽车时不能接打电话或发短信，以防发生车祸；在加油站、医院的仪器旁不能使用手机，以免干扰治疗仪器，妨碍治疗或引发油库爆炸；在飞机起飞或降落时，必须关闭手机，以免干扰仪器，导致飞机失事等严重后果。

考点提示：不能使用手机的场合

（2）重要场合关闭手机或调成静音：在会议室、图书馆、教室、音乐厅、电影院等公共场合应关闭手机或调成静音,以免打扰别人。

(3)公众场所要小声:在人多的地方,不可以旁若无人地大声接打电话,应将自己的声音尽可能压低。

(4)有熟人的未接电话要及时回。

(三)网络礼仪

现实生活中,人与人交往要遵守礼仪规范,同样,人们在网络这个虚拟世界中交往,也需要遵守礼仪规范。网络礼仪是人们在互联网上与他人交往时应遵守的规定及行为规范。

(1)进入聊天室和结束聊天时,都要礼貌地与大家打招呼。

(2)聊天时语言要文明,不用脏话,合理选择表情符号。

(3)平心静气地争论,不搞人身攻击。

(4)尊重他人隐私,保守网友的秘密,不随便公开私聊内容。

(5)没有对方允许不要随便加其为好友。

(6)不轻易将别人列入黑名单。

(7)不要轻易答应网友的见面要求。

链接
《全国青少年网络文明公约》
要善于网上学习,不浏览不良信息;
要诚实有信交流,不侮辱欺诈他人;
要增强自护意识,不随意约会网友;
要维护网络安全,不破坏网络秩序;
要有益身心健康,不沉溺虚拟时空。

(四)握手礼仪

握手是人们在现代交际场合中最普遍、最常用的礼节,也是人们沟通思想、交流感情、增进友谊的简便而又重要的方式。人们见面习惯握手问候;认识时握手表示致意;分手时握手表示告别;得到帮助时握手表示感谢;当别人取得成就时握手表示祝贺;遇到别人伤心时也可握手表示安慰。可以说,握手在人们生活中起的作用不可忽视。

1. 握手的顺序　一般情况下,长辈和晚辈握手,长辈先伸手;上级和下级握手,上级先伸手;男士和女士握手,女士先伸手。

在公务场合,握手时伸手的先后次序主要取决于职位、身份。而在社交、休闲场合,它主要取决于年龄、性别、婚否。但主人和客人握手比较特殊。按照社交礼仪的规矩,当客人到来之时,主人先伸手,这表示欢迎;当客人走的时候,应该客人先伸手,意思是再见。如果主人先伸手了,就是逐客之意。

链接
握手礼的由来
握手礼的由来有两种说法。其一,握手最早出现在人类"刀耕火种"年代。那时,在狩猎和战争时,人们手上经常拿着石块或棍棒等武器。他们遇见陌生人时,如果大家都无恶意,就要放下手中的东西,并伸开手掌,让对方抚摸手掌心,表示手中没有藏武器。这种习惯逐渐演变成今天的"握手"礼节。其二,战争期间,骑士们都穿盔甲,除两只眼睛外,全身都包裹在铁甲里,随时准备冲向敌人。如果表示友好,互相走近时,就脱去右手的甲胄,伸出右手,表示没有武器,互相握手言好。后来,这种友好的表示方式流传到民间,就成了握手礼。

2. 握手的方式　伸出右手,四指并拢,拇指伸开,掌心向内。同时,上身略微前倾,注视着对方,面带微笑。握着对方的手掌,上下晃动两到三下,持续3~5秒,并且适当用力。

3. 握手的禁忌

(1)不要用左手相握。

(2)不要在握手时戴着手套或墨镜,允许女士在社交场合戴着薄纱手套与人握手。

(3)不要在握手时另外一只手插在衣袋或裤袋里。

(4)与人握手时不要东张西望,漫不经心,也不能面无表情。

(5)不要在握手时仅仅握住对方的手指尖。

(6)不要在握手时把对方的手拉过来、推过去,或者上下左右抖个没完。

(7)与异性握手时不可用双手。

(8)在任何情况下,都不要拒绝与别人握手。

考点提示:握手的禁忌

链接
空间礼仪
人们常常说:距离产生美。也就是说:人与人之间的交往需要保持一定的空间距离。空间距离可分为以下几种。

(1)亲密距离:45cm以内,多半属于情侣、夫妻之间;父母子女之间;兄弟姐妹或知心朋友之间的交往距离。此距离属于敏感领域,不要轻易地采用。关系一般人,尤其是关系一般的异性是绝对不应该进入这一空间的,否则就是对他人的侵犯。

(2)私人距离:一般在45~120cm,伸手可以握到对方的手,但不易接触到对方的身体。这是较熟悉的人交往的距离。适用于日常工作、生活场所和一般聚会场所与同学、老师、同事、邻居、熟人等交往。

(3)社交距离:在120~360cm。适合于礼节上较正式的交往关系。适合办公室交谈、商务洽谈、招聘时的面谈、学生的论文答辩等。与没有过多交往的人打交道可采用此距离。

（4）公众距离：大于360cm的空间距离。这是一个几乎能容纳一切人的空间，人际沟通减少，很难直接进行交谈。

因此，我们在与人交往的时候，一定要注意把握好距离的分寸。记住：亲切不等于零距离。没有距离，就没有朋友。

（五）拜访礼仪

走亲访友是最常见的一种交际形式，懂得做客的礼仪会受到主人的尊敬和热情接待，人际关系会更和谐。

1. 提前预约　在我们拜访他人时，一定要事先用电话或信件进行预约，不能搞"突然袭击"，做"不速之客"。不得已必须要突然拜访时，也应提前5分钟打个电话。

2. 考虑时间　在具体的拜访时间选择上，最好是利用对方比较空闲的时间。从我国目前的实际情况看，晚上7点30分至8点是拜访较好的时机。节假日应选择在下午3点以后拜访。

考点提示：拜访的时间

3. 注意着装　在拜访他人前，应根据访问的对象、目的等，对自己的服饰和仪容加以修饰。蓬头垢面、衣冠不整的形象不但给别人不愉快的感觉，而且是不尊重主人的表现。

4. 拜访时的举止

（1）准时到达，叩门按铃：准时到达约定的拜访地点，不要迟到，以免主人等候，也不要早到，以免主人未做好准备。进门前，应当先轻声敲门或按门铃，切忌用力敲打或用脚踹门。

（2）言谈有度，举止得体：进屋后，应主动向所有人打招呼，适当寒暄，对陌生人也应点头致意；按主人指点的座位入座，不可以见座位就坐；当主人上茶水时，应起身双手相接，并致谢。

（3）不入隐区，不乱翻动：到家中拜访，一定要"客听主安排"，不经主人允许，不要到处乱逛，不可乱翻乱动物品。尤其是卧室与书房，属于隐区，不可随意进入。

考点提示：隐区

（4）善解人意，适时告辞：拜访时间不宜太长，一般情况下，时间要控制在半小时到一小时，初次拜访不宜超过半小时。主人送你出门时，应劝主人留步，并主动伸手握别。

考点提示：做客的时长

（六）餐饮礼仪

现在的社会交往活动中，宴请是最常见的交际活动，在整个社交礼仪中占有非常重要的地位。为了避免一些尴尬和失礼，掌握基本的餐饮礼仪是非常必要的。

1. 中餐礼仪　中国的饮食礼仪可谓源远流长，经过千百年的演进，形成了今天大家普遍接受的进餐礼仪。

（1）入席——不要坐错位置：入席排座次是整个中国饮食礼仪中最重要的一项。座次排列按照"面门为上""左低右高"的规则进行。中餐餐桌多为圆桌，正对大门的为主座，主座右手边依次为1、3、5、7……席，左手边依次为2、4、6、8……席。

考点提示：餐桌座次排列规则

（2）进餐——举止要文明礼貌

1）就座时，身体要端正，手肘不要放在桌面上，不可跷足，不要随意摆弄餐具。

2）用餐时，注意着装整齐，不能吃得兴起就宽衣解带。

3）当主人示意开始就餐时，客人才能开始，不能抢在主人前面。

4）取菜时，应从自己面前的盘子中夹起，不要在菜盘中挑挑拣拣，夹起来又放回去。

5）吃相要文雅：应把食物小口地送入口中，闭着嘴细嚼慢咽，不要鼓着腮帮子狼吞虎咽，发出"叭嗒叭嗒"的咀嚼声。若有杂物需要吐出时，应用筷子从口中夹出放在自己的碟盘中，不能直接吐在桌上。

6）举止要得体：在餐桌上，手势、动作幅度不宜过大，更不能用餐具指点别人。使用餐具时，动作要轻，不要相互碰撞。若要咳嗽、打喷嚏，将头转向一边，用手帕或餐巾纸捂住口鼻。用牙签剔牙时，用手或餐巾遮住嘴。

7）用餐完毕，要等主人示意宴会结束时，客人才能离席。

（3）餐桌禁忌

1）吸烟：公共场合不应该吸烟，与外人打交道时，特别是有女性、长者在场时也不应该吸烟。不吸烟是一个人在餐桌上的基本教养。

2）给他人夹菜：在社交场合，应做到让菜不夹菜。

3）劝酒：在餐桌上是否喝酒，应尊重对方的意愿。

4）整理服饰：女士若在餐桌上整理服饰，拿出小镜子补妆，是非常不礼貌的。

5）吃东西发出声音：吃东西时不应发出声音，这一点主要适用于国际交往，在西方人看来，吃东西发出声音是极不文明的。

考点提示：餐桌禁忌

链接

中国人用筷子的12种"忌讳"

其包括：①三长两短；②仙人指路；③品箸留声；④击盏敲盅；⑤执箸巡城；⑥迷箸刨坟；⑦泪箸遗珠；⑧颠倒乾坤；⑨定海神针；⑩当众上香；⑪叉十字；⑫落地惊神。

2. **西餐礼仪**　随着中西文化的交流，西餐已经逐渐进入中国普通百姓的生活，西餐"吃"的是就餐者的举止风度，所以，掌握一些西餐的基本礼仪，对我们的社会交往是有很大帮助的。

（1）座次：在西式宴会中，人们对座次问题十分关注。西餐的位次一般有以下要求：

1）女士优先：在西餐礼仪中，女士处处备受尊重，西餐排座位，通常男女间隔而坐，用意是男士可以随时为身边的女士服务。尤其是安排家宴时，主位一般应请女主人就坐。

2）恭敬主宾：在西餐礼仪中，主宾极受尊重，男、女主宾应紧靠女主人和男主人就坐。

3）以右为尊：在排定位次时，以右为尊是基本原则。例如，就某一特定位置而言，其右侧之位高于左侧。

4）距离定位：通常情况下，距主位近的位子高于距主位远的位子。

（2）餐具的使用：西餐不同于中餐最重要的特征就是使用刀叉进餐。

1）刀叉的使用：吃西餐时，刀和叉是同时使用的，右手持刀左手持叉。西餐刀叉的摆放暗示着用餐的进程，与人交谈时，应放下刀叉，左叉右刀，刀口向内，叉齿向下，呈"八字形"摆放在餐盘之上，意思是"暂停用餐"；刀口向内，叉齿向上，左叉右刀并排纵放，或者刀上叉下并排横放在餐盘里，意思是"用餐完毕"。

2）餐巾的使用：餐巾在西餐礼仪中是很有讲究的，它的用途简单来说有三种：①宴会开始的标志，当女主人把餐巾轻轻地展开，铺在腿上，这表示宴会开始了。②表示暂时离开，进餐过程中，若要去洗手间，应将餐巾放在椅子上，暗示"暂时离开"，若放在餐桌上，则暗示"用餐完毕"。③表示用餐结束，当女主人把自己的餐巾放到餐桌上，意在表示此次用餐结束。

餐巾应平铺在双腿上，切忌围在脖子上、掖在腰间；餐巾是用来擦嘴的，切不可用来擦汗、擦脸、擦餐具。

（3）就餐礼仪

1）应从椅子的左边入座。

2）入座后，坐姿应端正，双脚着地，女士要求双腿并拢，男士则可双腿微张。男士上身可以轻靠椅背，而女士最好保持笔挺的坐姿，不要把整张椅子都坐满。

3）用刀叉切割食物时，动作要轻柔，喝汤时，不要发出响声，咀嚼时应闭嘴。

4）用餐完毕，应等女主人站起后，再随着离席，提前离席是不礼貌的。

（4）餐桌禁忌

1）用餐时不要把手肘放在桌子上。

2）姿态要保持安静，切勿抖腿、踢脚。

3）餐桌上不可化妆或梳理头发。

4）餐桌上不可宽衣解带。

5）避免口中含有食物时说话或饮用酒水。

6）不要在餐桌上打呵欠。

7）用过的刀、叉等器具不要再放回桌上。

8）食物残渣或骨头等不能弃置在桌上，应该放在盘子上。

9）忌讳用自己的餐具为他人来布菜。

链接

西餐的上菜顺序

（1）头盘：西餐的第一道菜是头盘，也称为开胃品。

（2）汤：与中餐有极大不同的是，西餐的第二道菜就是汤。大致分为清汤、奶油汤、蔬菜汤和冷汤等四类。

（3）副菜：鱼类菜肴一般作为西餐的第三道菜，也称为副菜。品种包括鱼类、贝类及软体动物类。

（4）主菜：肉、禽类菜肴是西餐的第四道菜，也称为主菜。最具代表性的是牛肉或牛排。

（5）配菜：西餐的配菜即蔬菜类菜肴，也称为沙拉。

（6）甜品：西餐的甜品是主菜后食用，也可算作是第六道菜，它包括所有主菜后的食物，如布丁、冰淇淋、奶酪、水果等。

（7）饮料：西餐的最后一道是上饮料，咖啡或茶。

（七）校园礼仪

学生一踏入校园，就应自觉遵守学校的规章制度和校园礼仪规范，养成良好的行为习惯。

1. 课堂礼仪

（1）预备铃响后，学生进入教室，迅速做好课前准备，并进行复习和预习，安静地等候老师的到来。

（2）上课铃响，老师走进教室，班长喊"起立"，声音要洪亮有力。全体学生立即起立站直，面向老师说"老师好"，待老师回礼后再坐下。起坐动作要轻，尽量不发出声响。

（3）上课时，学生要衣着整洁，姿势端正，认真听讲；夏天不能赤脚或穿拖鞋，不能穿无袖背心，也不能敞胸露怀，听讲时不能扇扇子；冬天课堂上不应戴帽子、戴手套或口罩；课堂上不能吃东西，喝水，嚼口香糖，听音乐，玩手机。自觉遵守课堂纪律，不做与学习无关的事。

（4）迟到的同学应先在教室门外喊报告，待老师允许后再进入教室，未经允许，不可擅自推门而入。

（5）课堂上需要提问或回答问题时，应先举手，等老师允许后再起立提问或回答，不应边举手边说话。提问或回答问题时，声音要洪亮，吐字要清晰。

（6）对老师讲述的内容有异议时，最好下课后单独找老师交换意见，共同探讨。若非提不可时也要注意场合和方式，态度要诚恳，谦虚恭敬，不可扰乱课堂秩序，影响授课计划。

（7）下课铃响后，待老师说"下课"，班长喊"起立"，全体学生起立站好并说"老师再见"，等老师走出教室后，再自由活动。

2. 尊师礼仪

（1）见老师主动问好。

（2）进出校门及上下楼梯给老师让行。

（3）进办公室要喊"报告"，听到"请进"后方可进入。

（4）指出老师的错处要有礼貌。

（5）虚心听取老师的教诲，接受师长的教育。

（6）对老师说实话、真话，不欺骗老师。

（7）珍惜老师的劳动成果，按时完成老师布置的各项任务。

（8）服从老师管理，不顶撞老师。

（9）在校道上遇见老师主动停下，微微鞠躬问好。

（10）与老师交谈时，要起立并主动给老师让座。

链接
尊敬老师的十个理由
教师是伟人培育者；教师是爱的传播者；教师是人生引路者；教师是甘为平凡者；教师是知识渊博者；教师是赤心报国者；教师是无悔奉献者；教师是时代推动者；教师是心灵塑造者；教师是品德示范者。

链接
感动教师的十个称谓
老师、先生、人类灵魂工程师、园丁、慈母、春蚕、蜡烛、孺子牛、春雨、人梯。

3. 学生交往礼仪

（1）互相尊重：同学间相处，要尊重他人的人格和生活习惯，"不尊重他人，就是对自己的不尊重"。

（2）礼貌相待：在学校生活中，同学朝夕相处，要以礼相待，注重文明礼貌，多用"请、你好、谢谢、对不起、再见"等礼貌用语。

（3）诚实守信：诚实是一种美德，同学相处，以诚相见，才能以心换心。

（4）谦虚随和：同学相处，态度要诚恳、谦虚；摆架子、自以为是，是同学交往的禁忌。

（5）宽容理解：俗话说："人非圣贤，孰能无过。"与同学相处，要学会宽容，善于原谅。

（6）团结友爱：同学是亲密的伙伴，彼此间应相互关爱，相互帮助。

4. 升旗礼仪

（1）着装整洁，面对国旗列队集合。

（2）全体师生神情要肃穆，向国旗行注目礼。

（3）校外路遇升旗仪式时，也应马上肃立，面向国旗行注目礼，待升旗仪式结束后再行走。

（4）认真听国旗下讲话。

5. 学生校园礼仪规范

（1）言语要文明，见面问声好："请"、"你好"、"对不起"、"谢谢"等文明用语应常挂嘴边，不说污言秽语，不给别人起不文明的绰号。走在楼梯、校道上，遇到自己的同学、老师等都应主动问声好。

（2）衣着应端庄，仪态要规范：作为学生，应该有学生的衣着、仪表。不穿奇装异服，不袒露躯体，不穿拖鞋，不戴首饰，不化妆，不文身，不剃光头或留古怪发型，男同学不留长发，女同学不披头散发。

（3）领物取物，主动排队：领取物品，食堂打饭，水房打水，应主动排队，不插队，不推撞，不起哄，相互礼让，井然有序才能提高效率。

（4）他人宿舍，非请莫进；他人财物，未准莫取：别班的教室、宿舍、老师的办公室、实验室等地，需进入时应先征得同意。他人的财物、日记等，不随意拿用、翻阅。

（5）走道楼梯，人来人往，你谦我让，主动留道：校道、走廊、楼梯是公共通道，要相互谦让，主动留道给他人通过，不在这些通道上聚集、玩闹，也不将自行车停放在校道、走廊或运动区域上，以免影响他人通行和运动。

（6）弱小贫困，帮扶资助；残疾病患，文明相待：

对于有困难、需要帮助的同学、老师,应主动给予帮助,对于身体有缺陷、有疾病的同学和老师要文明相待,不应讽刺、讥笑、捉弄或恶意模仿,做出不文明的举动。

(7) 桌面墙面,莫乱涂画;垃圾杂物,弃置有道:桌面、墙面、黑板或学校、班级的张贴物,各有各的用途,不应在上面乱涂乱画,垃圾杂物,脏水污物应扔在垃圾桶,不应随意丢弃,不应将残羹剩饭留在饭桌上或倒在地上,污染校园环境。

(8) 进出校门,微笑致意:进出校门时,应主动出示校牌。不论是对值日的同学、老师,还是保安人员都应点头微笑致意,主动接受检查。

(9) 上课考试,休息时间,尊重他人,保持安静:上课考试时,不在校园内喧哗、吵闹,更不该在教室附近聚集、玩闹,或在正在上课、考试的教室门口、窗前向内观望、召唤、言谈吵闹,影响老师和同学的上课或考试。午休、晚休,应按时就寝,不在宿舍内玩耍、吵闹,或发出惊扰他人的声响。迟归的同学,应轻手轻脚,避免扰人清梦。

(10) 升旗仪式,庄严肃穆,着装整齐,端正严谨:参加升旗仪式,是爱国主义的一项重要体现。在仪式上,应统一穿着校服,态度要严谨,站立要端正,安静整齐,精神饱满。

二、交往礼仪的作用

交往礼仪是一个人文化修养和道德水平的外在表现,其核心是尊重和友好。遵守交往礼仪的基本要求,既是提高个人道德素质的需要,也是建设社会主义精神文明、促进社会和谐发展的需要。

交往礼仪的作用表现在:

(1) 遵守交往礼仪的基本要求,能够美化个人形象,获得他人好感,有助于事业成功。

(2) 遵守交往礼仪的基本要求,能够帮助我们学会约束自己,正确处理与他人及社会的关系,有利于营造和谐的人际关系。

(3) 遵守交往礼仪的基本要求,能够促进社会主义精神文明建设,有助于净化社会风气,构建社会主义和谐社会。

(4) 遵守交往礼仪的基本要求,可以展示我国人民讲文明、讲礼貌、热情大方、自尊自强的良好精神面貌,有利于增进国际交往。

三、养成遵守交往礼仪的习惯

自觉践行交往礼仪规范,首先要养成遵守交往礼仪的习惯。作为中职学生来说,要着重做到以下几个方面:

1. 从小事做起,注重细节 在日常交往中,我们文明的言谈举止,会使他人乐于接近;粗俗的言谈举止,会使他人疏而远之。一声亲切的称呼、一句得体的问候、一次善意的交谈等细节,看似微不足道,却会影响我们的交往活动。

2. 示人以尊重,待人以友好 在人际交往中,要真诚待人,与人为善,要善解人意,为他人着想。只有尊重他人,才能赢得相互间的尊重。

3. 增强意志力,克服坏习惯 在实践中,要不断提高辨别是非的能力,逐步克服人际交往中的不良习惯。

第3节 职业礼仪展示职场风采

一、职业礼仪的基本要求

职业是人们从事的比较稳定的有合法收入的工作。职业礼仪是指人们在职业场所中应当遵循的礼仪规范。它包括求职礼仪和职场礼仪。

职业礼仪的基本要求是:爱岗敬业、尽职尽责、诚实守信、优质服务、公平竞争、着装整洁、仪容端庄、语言文明。

由于各行各业的工作性质不同,职业礼仪呈现出鲜明的职业特色。

(一) 求职面试礼仪

人才市场强手如林,要在激烈的竞争中争得一席之地,除了具有一定的专业知识和技能外,还需注重面试礼仪,掌握求职技巧。用人单位,除了看应聘者是否具备相应的专业知识外,还要看其是否具有良好的礼仪修养。在求职过程中,表现出良好的专业素质和礼仪修养,是获得成功的第一步。

1. 做好形象准备 女性发型不要怪异,以大方、干练为佳,过长的头发最好扎成马尾辫或盘起来,会显得比较精神。服装以套裙为宜。避免穿太紧、太透和太露的衣服。男性头发要干净整洁,不宜过长。一般穿正式的西装。

2. 遵守面试过程的基本礼仪

(1) 准时到达:一般来说,求职者要提早 10～15 分钟到达面试地点,迟到或匆忙赶到都会对面试产生致命的影响。

(2) 礼貌通报:进入面试房间前,不论房门是否关闭,均应轻敲三下门,等听见说"请进"后,便可面带微笑轻轻推门进入。

(3) 文明优雅:进门后,应先作自我介绍,得到许可后再就座。就座时,应坐在椅子的前2/3,坐姿要端正,女性不要张开双腿。回答问题时,语气要谦和,谈吐要文雅,声音要清晰。

(4)适时告辞:一般情况下,面试的所有提问回答完毕后,面试就算结束。如对方说"今天就谈到这里吧,请等候消息",这时,求职者就可起身告辞,鞠躬行礼或与面试官握手后再离开。

(二)职场礼仪

1. 职场着装的禁忌

(1)过分杂乱:比如上身穿西装下穿布鞋。重要场合,穿套装、套裙时要穿制式皮鞋。

(2)过分鲜艳:要遵守三色原则,即全身颜色不多于三种。

(3)过分暴露:在重要场合着装,不能露胸、露肩、露腰、露背等,不能穿无袖装上班。

(4)过分透视:透视装下班之后可以穿,上班不要穿,让他人透过外衣看到内衣,这是不礼貌的。

(5)过分短小:超短裙、露脐装、小背心、短裤,正式场合都不要穿。

(6)过分紧身。

2. 办公室礼仪

(1)办公桌要干净整洁、井井有条。女性不要在办公桌上放化妆品和镜子。

(2)在办公室,仪容服饰要大方得体,切忌浓妆艳抹、香气逼人、衣着暴露或衣着不整。

(3)在办公室里不要旁若无人地聊天,也不可"煲电话粥"。

(4)不能在办公室大吃大喝。

(5)爱惜公共设施。

(6)不把个人情绪带到办公室里。

3. 职场社交禁忌

(1)不要言而无信。

(2)不要恶语伤人。

(3)不要随便发怒。

(4)不要传播流言蜚语。

(5)不要开过分的玩笑。

考点提示:职场社交禁忌

(三)护理工作中的礼仪要求

1. 护生在实习中的基本礼仪

(1)遵守实习单位的规章制度和劳动纪律。按时上班,或按要求提前到科室,下班要等带教老师允许方可;尊重带教老师的实习安排,请假、调班都应先经批准。

(2)实习场所保持护理人员良好的仪态和亲切自然的微笑。工作场所按要求穿工作服,不可衣装不整、浓妆艳抹;保持站、坐、行、蹲的良好姿态,不可勾肩搭背、倚墙靠桌、扎堆聊天;不可玩手机、接打私人电话;保持微笑,热情亲切。

(3)见面时,主动与单位内其他工作人员打招呼。

(4)尊重老师,谦虚求学,征求意见和请教问题时,使用请求语。

(5)工作失误时,不能隐瞒不报,也不能推卸给别人,应主动承认错误,以便及时采取补救措施。

(6)对患者的配合要心存感激,对患者的抱怨要谅解宽容。

2. 护士的仪容礼仪　护士的仪容是护士给服务对象的第一印象,要求护士淡妆上岗,护士妆以淡雅为宜。护士的发型应体现其职业特点。护士帽是护士职业的象征,所以护士的发型应与护士帽相协调,与护理工作相适应,要求整洁、方便、自然。佩戴燕帽的护士,头发部分暴露,长发要盘起。佩戴圆帽的护士,头发全部遮在帽子里,不露发际。护士不许留长指甲,不涂指甲油,手上不佩戴任何首饰。

3. 护士的服饰礼仪　护士的着装要简约流畅、端庄大方。在工作时,护士应穿护士服,护士服应保持整洁,穿护士服时,要佩戴工作牌、护士表,以及固定头发的发饰。

链接

护士服的色彩

传统的护士服为白色,随着护理事业的发展、人性化护理的要求,护士服也派生出了许多颜色。粉红色,适合导医护士和妇科、儿科护士;天蓝色,适合内、外科护士;果绿色,适合手术室及急诊科护士;米黄色,适合传染科护士。护士服的不同色彩,在一定情况下起到了色彩语言的治疗作用。

---

4. 护理工作中常见的仪态礼仪

(1)持病历夹:在站姿或行姿的基础上,用一手握住病历夹一侧边缘的中部,将病历夹置于前臂内侧,持夹手臂靠近腰部,使病历夹的上缘略内收。或者一手握住病历夹的前1/3,病历夹正面向内、前部稍上抬。

(2)端治疗盘:在站姿或行姿的基础上,双手托盘底两侧边缘的中部,双肘靠在两侧的腋中线,肘关节成90°,自然贴近躯干,盘内缘不可触及护士服,取放、行进平稳。

(3)推治疗车:护士位于车后,双手扶把,把握方向,双臂均匀用力,重心集中于前臂,抬头、挺胸、身体略向前倾,行进、停放平稳。

(4)搬放椅子:护士应站在座椅的后面,以身体的一侧贴近椅背,一手抓握在椅背下缘中部,另一手扶在椅背上缘,双脚前后错开半步,双膝微屈,然后自然直立,起身,向上提起椅子,放下时要轻稳。

（5）出、入病房:①进入病房前先通报。②用手轻开、轻关房门。③进出病房时要面向他人。④与他人同行时,护士要后进后出。

二、职业礼仪的作用

职业礼仪是构成职业道德的重要内容。职业礼仪是一个职业人道德素质的外在表现,体现职业人对自己、对他人、对工作负责任的态度。恪守职业道德,遵守职业礼仪规范,是对每一位职业人的要求。职业礼仪的作用表现在:

第一,遵守职业礼仪,有利于提高我们的职场交往能力,从而增强自己的职业竞争能力,成就我们的职业人生。

第二,遵守职业礼仪,有助于帮助我们树立良好的个人职业形象和优雅的职业风范,有利于我们顺利地开展工作。

第三,遵守职业礼仪,有助于个人求职成功。职业礼仪是自我推荐的工具,是职业人员进入社会从事活动的"通行证"。

第四,遵守职业礼仪,有助于树立单位的良好形象,提高单位的市场竞争力。

三、践行职业礼仪,展示职业风采

职业礼仪需要通过后天的不断学习和训练才能达到。作为中职学生,今天,我们在学校学习;明天,我们将走向职业生活。要成为未来优秀的职业人,今天就要坚持不懈地付出努力。要从现在做起,调适与发展自己的职业个性,在学习与工作中严格遵守行为规范,自觉按照岗位规范要求自己,规范自己的言行,指导自己的各种实践活动。

作为中职学生,我们将面临激烈的市场竞争,所以从现在开始,就要努力学习职业礼仪基本知识,在日常生活中从小事做起,努力践行职业礼仪,做懂礼仪、有教养的文明人,这样才能为我们日后求职打下良好的基础,也为我们工作的顺利进行提供良好的保障。在未来的职业生涯中,注重良好的职业礼仪,不仅有助于提高自身素质,而且能够增强单位的凝聚力,提升单位的市场竞争力,对单位的发展起到促进作用。遵守职业礼仪,我们才能立足社会,立足行业,成就自我。

小　结

本章主要内容有礼仪的含义,以及个人礼仪、交往礼仪、职业礼仪的基本要求及其作用。个人礼仪主要表现在一个人的仪容仪表、言谈举止等方面,是一个人内在修养的外在表现,包括仪容礼仪、服饰礼仪和仪态礼仪;交往礼仪是人们在交往过程中的行为规范与准则,包括介绍礼仪、电话礼仪、网络礼仪、握手礼仪、拜访礼仪、餐饮礼仪和校园礼仪;职业礼仪是人们在职业场所中应当遵循的礼仪规范,包括求职面试礼仪和职场礼仪。

目标检测

一、填空题

1. 礼仪是指人们在社会交往中形成的尊重他人的（　　　　）与准则。礼仪的本质是（　　　　）。
2. 一般而言,一次着装不要超过（　　　　）种颜色。
3. 常见的介绍形式有（　　　　）介绍和（　　　　）介绍两种。
4. 自我介绍的时间应控制在（　　　　）分钟以内。
5. 在为他人作介绍时应按照（　　　　）优先了解情况的原则进行。
6. 一般情况下,登门拜访他人,时间要控制在半小时到一小时,初次拜访不宜超过（　　　　）。
7. 电话铃响后,最多不超过（　　　　）声,就应该接听。
8. 握手时,必须用（　　　　）手与人相握。

二、判断题

1. 在拜访他人时,应提前预约,不做不速之客。（　　　）
2. 在别人家做客时,没有主人的允许不可以进卧室,但可以进书房。（　　　）
3. 上下级握手时,下级要先伸手,以示尊重。（　　　）
4. 到别人家做客,最好选择节假日的上午。（　　　）
5. 入座时,应从椅子的左侧进,右侧出。（　　　）
6. 在加油站不可以接打手机。（　　　）
7. 为双方作介绍时,应先将女士介绍给男士。（　　　）
8. 网络是虚拟的,所以在网络上交往时,没必要讲究礼仪。（　　　）
9. 在为他人作介绍时可以不注重时间。（　　　）
10. 在正式场合,穿着要与年龄、职业、场合相符合。（　　　）

三、单项选择题

1. 打电话时,一次通话时间一般不应超过（　　　）
   A. 1分钟　　　　　　　　　B. 2分钟
   C. 3分钟　　　　　　　　　D. 6分钟
2. 下列时间中,哪个适合给他人打电话（　　　）
   A. 早上7点以前　　　　　　B. 午餐时间
   C. 晚上10点以后　　　　　　D. 工作日上午9点
3. 下列行为中,注意到进餐文明的有（　　　）
   A. 吃东西不出声　　　　　　B. 张口剔牙
   C. 替人添菜　　　　　　　　D. 下手取食

4. 对于中餐的位次,下列哪一个是最好的(   )
   A. 左边的   B. 面门的
   C. 靠窗的   D. 临墙的

5. 接触一个人,给人留下直接而敏感的第一印象的是(   )
   A. 个人礼仪   B. 交往礼仪
   C. 职业礼仪   D. 公共礼仪

6. 登门拜访他人时,以下做法正确的是(   )
   A. 未经主人邀请和许可,自由出入各个房间
   B. 入座之后不能动
   C. 随意摆弄主人家的物品
   D. 尊重主人,做到客随主便

7. 作为学生,在校园里的着装应该是(   )
   A. 校服   B. 吊带裙
   C. 职业装   D. 西装

8. 在正式场合,女性不可以穿(   )
   A. 旗袍   B. 超短裙
   C. 中式上衣配长裙   D. 西服套裙

9. 下列选项中,不属于仪态的是(   )
   A. 站姿   B. 坐姿
   C. 手势   D. 着装

10. 戒指的戴法是一种信息和标志,戴在无名指上,说明
    (   )
    A. 未婚   B. 已婚
    C. 恋爱中   D. 独身

四、简答题
1. 简述个人礼仪的基本要求。
2. 简述不能使用手机的场合。
3. 简述不宜打电话的时间。
4. 简述握手的禁忌。
5. 简述餐桌禁忌。

五、案例分析题
   某航空公司要面向社会招一批空姐,前来报名的人络绎不绝。其中有几个女孩,心想空姐是多么时髦的职业,招的都是那些漂亮的女孩。于是,就到美容院将自己浓妆艳抹地打扮了一番,活像电视剧里的韩日明星。她们高高兴兴地来到报名地点,谁知工作人员连报名的机会都不给她们,就让她们走。看着别的姑娘一个个报上了名,她们几个很纳闷:"这是为什么呢?"
请问:1. 工作人员为什么不给这几个姑娘报名?
     2. 如果你要去应聘,你会怎么做?

(丁 梅)

第2章 提升道德境界 遵守职业道德

案例 2-1

吴孟超是我国肝脏外科医学奠基人。20世纪50年代,吴孟超与同事做出中国第一个肝脏解剖标本,提出了"五叶四段"肝脏解剖理论,1960年3月1日,他成功完成了我国首例肝癌切除手术。50年间,吴孟超推动中国的肝脏医学从无到有,从有到精。作为医院院长的吴孟超,除了忙于院务,仍然坚持每星期二上午出门诊。他是当今世界上唯一一位90高龄仍然工作在手术台前的医生。从医近70年,吴孟超始终认为医德重于医术,"德"是他挑选弟子的首要标准。他总是设身处地为患者着想,要求医生用最简单、最便宜、最有效的方法为患者治疗。医者仁心,吴孟超善待患者,眼里看的是病,心里装的是人。图2-1为吴孟超在为患者做手术。

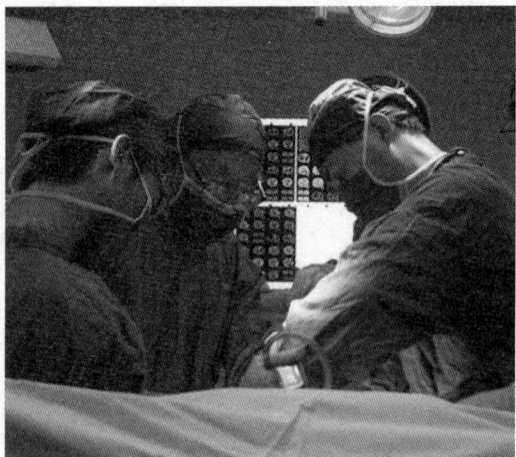

图 2-1　吴孟超在手术中

第1节　道德是人生发展、社会和谐的重要条件

一、恪守道德规范　加强道德修养

(一) 道德的特点、分类和作用

作为一种正面的价值取向,道德以真、善、美的引导为人生发展、社会和谐创造重要条件,从而使我们的人生通向幸福美满,使社会变得温馨和谐。

链接

道德一词的起源

道德一词,源于先秦思想家老子所著的《道德经》。其中"道"指自然运行与人世共通的真理;而"德"是指人在实行"道"的过程中内心所得,即人世的德性、品行、王道。道德即从物之道引出人之得。在当时道与德是两个概念,并无道德一词。"道德"二字连用始于荀子《劝学》篇:"故学至乎礼而止矣,夫是之谓道德之极。"在西方古代文化中,"道德"一词最早来源于拉丁语的"moralis",其原意是风俗习惯,性格的意思,以后逐步引申为原则规范、行为品质、善恶评价等方面的意思。

1. 道德的定义和特点　道德与我们的人生时刻相伴,在生活、工作、学习中无不实实在在地发生影响,这种影响往往融于无形。

(1) 道德的定义:道德是存在于一定的社会经济关系中,以善与恶、荣与辱、正义与非正义等为评价标准,依靠社会舆论、传统习惯、内心信念来维系的,调整人与人、人与自然、人与社会之间关系的行为规范的总和。

考点提示:道德的定义

(2) 道德具有的特点

1) 时代性:作为一种行为规范,道德的内容会因古今时代不同而产生区别,例如,当前同学们的道德观念与父母的道德观念就会发生转变,这是由于社会生产的发展和外来文化的冲击,促使人们的道德观念在原有基础上发生变化。

2) 非强制性:道德依靠社会舆论、传统习惯、内心信念等力量发挥作用,它不是靠强制力实现,而是以良知、道德感等作为倡导和维持道德的"法官"。

3) 层次性:不同的道德属于不同的层次,有根本性的道德规范,我们称之为道德原则,也有建立于这种道德原则基础之上的次级具体的道德规范,用以规范人们不同的道德行为。

4) 特殊的稳定性:道德一旦形成,深入内心,就具有较大的稳定性,从而对人们的世界观、人生观、价值观产生影响,并对其行为习惯发生作用,成为其人格和品质的根基。

5) 广泛的社会性:道德广泛地渗透于社会生活的各个领域。在社会生活中,人们对真、善、美的追求存在于政治、经济、文化等方面面。要做一个有道德的人,就要在日常生活的每时每刻都能克己省察,有益于他人,有益于社会。

2. 道德的分类

(1) 社会公德:每个人都是社会的一分子,个人与社会鱼水相依。社会公德,也称公共道德或社会公共生产准则,是在人类长期社会实践中逐渐形成的、要求全体公民在履行社会义务或关系到社会公众利益的活动中应当遵循的道德准则。社会公德是个人道德修养和社会文明程度的重要体现(图2-2)。

图2-2　人人遵守社会公德,个个爱护公德环境

(2) 职业道德:职业道德,就是同人们的职业活动密切联系的、具有职业特征的道德要求和行为准则的总和,即一般社会道德在职业生活中的具体体现。它既是对本职人员在职业活动中行为的要求,也是职业对社会所承担的道德责任与义务,通过制度、条例、守则、公约、承诺、口号等形式对职业生活中的各个方面加以规范。

(3) 家庭美德:家庭是社会的细胞。家庭美德是整个社会道德的重要组成部分,是指人们在家庭生活中调整家庭成员间关系、处理家庭问题时应遵循的道德规范和行为准则。它涵盖了夫妻、长幼、邻里之间的关系,也是评价恋爱、婚姻、家庭、邻里交往中的是非、善恶标准。

链接

家庭美德"十要"

家庭美德要做到"十要",即夫妻平等要恩爱,孝敬父母要贴心,婆媳相处要宽容,教育子女要重德,兄弟姐妹要谦让,亲友邻里要互帮,持家立业要勤俭,有事共商要民主,生活文明要守法,社会建设要尽责。

考点提示:道德的分类

3. 道德的作用　作为一种特殊的社会意识,道德对个人和社会的发展都有其独特的作用。

(1) 一方面,道德对于个人的全面发展、事业的成功有重要作用。良好的道德素养对于营造优良的内外环境能够产生积极影响。

良好的道德有助于建立和谐的人际关系。与人为善,真诚相待,才能结交真正的朋友,形成与人和谐相处的良好环境。

良好的道德有助于发挥自身潜能。在学习、生活和工作中,充分调动自己的积极性、主动性,自信乐观、坚强进取,就能够克服困难,争取成功。

良好的道德有助于塑造优良的人格。道德提供了真、善、美的标准,根据这些正面的标准导向,我们能够积极追求理想目标,成为优秀的人才。

(2) 另一方面,道德也是社会发展的重要基础。社会发展是一个整体,每个人在社会中负有一定的责任,共同构成社会总体。在家庭、职业和社会生活中,我们要遵守不同的道德准则和规范,以正确的标准调节多样化的社会关系,共同塑造人与人、人与社会、人与自然的和谐世界,才能构建人心向善、家庭美满、人际和谐的社会不断发展的新局面。

(二) 公民基本道德规范的主要内容

公民的道德素养、文明水准是民族素质的整体体现,是国家软实力的重要组成部分,是促进人的全面发展,提高公民道德素质,培养现代公民的基本方式和基本纲领。公民道德建设为构建和谐社会提供了强大的精神动力。

2001年,中共中央印发了《公民道德建设实施纲要》,概括了我国的公民基本道德规范:爱国守法、明礼诚信、团结友善、勤俭自强、敬业奉献(图2-3)。它着眼于尊重人、理解人、关心人、帮助人,形成科学文明的生活方式,建立团结互助、平等友爱、共同前进的新型人际关系,既包含了中华民族的传统美德和我们党领导人民在长期革命和建设实践中形成的优良传统,又借鉴了世界各国道德建设的成功经验和先进成果,具有鲜明的时代特色,标志着我国的公民道德建设进入了新的发展阶段(图2-4)。

1. 爱国守法　"爱国守法"主要规范公民与国家的关系。"爱国"是最基本的道德标准,是各种道德规范的前提和基础;守法是"爱国"的延伸,是爱国的重要表现和必然要求。

"爱国"是每个中国公民的责任和义务,其内涵是热爱祖国,热爱人民,维护国家统一,捍卫民族尊严。它渗透于公民道德建设的每种规范中,与社会公德、职业道德和家庭美德相联系,主要体现在对祖国的强烈责任感上,同时必须具体落实到以高度的责任感做好本职工作,做好每一件有利于祖国强盛的事情上。

"守法"的内涵是学法、知法、懂法、用法,自觉维

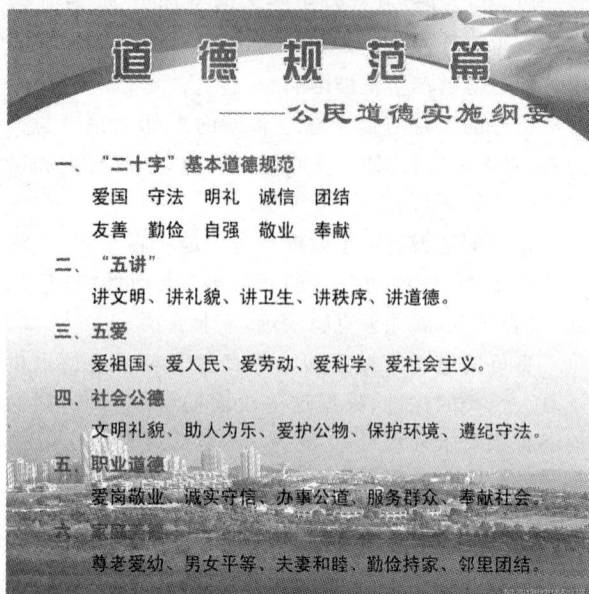

图2-3　公民道德实施纲要的道德规范

一、"二十字"基本道德规范
　　爱国　守法　明礼　诚信　团结
　　友善　勤俭　自强　敬业　奉献
二、"五讲"
　　讲文明、讲礼貌、讲卫生、讲秩序、讲道德。
三、五爱
　　爱祖国、爱人民、爱劳动、爱科学、爱社会主义。
四、社会公德
　　文明礼貌、助人为乐、爱护公物、保护环境、遵纪守法。
五、职业道德
　　爱岗敬业、诚实守信、办事公道、服务群众、奉献社会。
六、家庭美德
　　尊老爱幼、男女平等、夫妻和睦、勤俭持家、邻里团结。

图2-4　公民基本道德规范

护宪法和法律的权威。在法治社会中,每个公民必须具备法治意识和法律知识,有明确的法制观念,自觉遵守各项法令、法规和各项规章制度,这是现代社会文明教养的基本要求。

2. 明礼诚信　"明礼"就是讲文明,特别是注重公共场合中举止言谈的文明。讲究文明礼貌是做人的起点,能够给他人、给社会带来愉快和谐,也能创造充满爱心的环境,给自己带来快乐和温馨。

"诚信"是对"明礼"规范的升华,即古人所说的"礼于外,诚于内"。它的基本内容是诚实、诚恳、信用。诚信是道德赖以维系的前提,它既是市场经济领域中基础性的行为规范,也是个人与社会、个人与个人之间的相互关系的基础道德规范。

"明礼诚信"最能体现"见微知著",从侧面反映出一个人、一座城市、一个国家、一个民族的形象。

3. 团结友善　"团结"是指人们通过弘扬集体主义和团队精神,追求共同的理想目标,形成全民族、全社会

的凝聚力。"友善"是指友好、善良、与人为善等,体现人们之间的亲善关系。"团结友善"就是要在全社会形成"团结互助、平等友善"的良好关系,实现"人伦和谐"。

发自内心的友善,是我们的民族底蕴,使我们赢得了"礼仪之邦"、"文明之邦"的美誉,使得我们内心平和,正确地看待自己,面对生活,才有了长足的和平与发展。

4. 勤俭自强　勤俭自强是对公民个人道德素质提出的要求。勤俭要求勤劳、勤奋、勤快、节俭;自强则要求自立、自尊、自励,生命不止,奋斗不息。

勤俭是中华民族的传统美德,积沙成塔,集腋成裘。勤劳、勤奋、勤快反映的是人们劳动、学习、工作的品质与态度,节俭而不吝惜,大方而不奢侈。古人云:"俭,德之共也;侈,恶之大也。"

自强不息表现个体的顽强毅力和不屈不挠的精神。人生之路不会一帆风顺,面对困难和挫折,自强自立者勇往直前,懦弱自卑者节节败退。

在社会飞速发展的今天,需要我们勤奋刻苦、学好本领;需要我们勤俭节约、反对浪费;更需要我们志存高远、自强不息,成为有德有才的优秀人才。

5. 敬业奉献　"敬业"主要规范公民与职业的道德关系,要忠于职守,精益求精,严肃认真,一心一意。一个人的价值就是在平凡的工作岗位上,爱岗敬业,为国家和社会做出贡献。

"奉献"主要规范公民与社会的道德关系。它是社会主义职业道德的本质特征和根本目的,引申出公民对他人的道德责任。奉献社会是职业道德的最高境界,是做人的最高境界。一个人的生命是有限的,但奉献却是无限的。孔繁森曾说:"把自己当作泥土吧,让众人把你踩成一条路。"奉献是无私的付出。立足本职,才能奉献社会,造福大众。

公民基本道德规范的提出,体现了党对社会主义道德建设规律的深刻把握。体现了历史传统和时代精神的有机结合,体现了对社会主义道德体系内容的丰富和拓展。每个公民都应以它作为基本行为准则并自觉遵守,社会各方面应该大力倡导,使其成为社会生活的基本准则。

案例2-2

河南省在2010年全国"两会"期间提出了"三平"精神,即平凡之中的伟大追求、平静之中的满腔热血、平常之中的极强烈责任感。他指出:河南人在平凡的岗位上,爱岗敬业,埋头苦干,涌现出许多令人感动、让人敬慕的先进事迹。伟大之所以能出自平凡,是因为在他们身上,保持着一股韧劲,凝聚着新时期的河南精神——"三平"精神。

问题:

"三平"精神给你什么启示?

案例2-2分析

"三平"精神显示出河南人的精气神,生动展示了新时期的河南精神。这是对中原人群体性格的精炼概括,是中原优秀文化的历史传承,也是社会主义核心价值体系内涵和特征的具体体现。对于整个中华民族来说,"三平"精神也是我们中国人民的优秀历史文化传统和美德的载体,是新时期社会主义道德精神的体现。

考点提示:公民道德基本规范的主要内容

(三)家庭美德、社会公德的主要内容

1. 家庭美德 每个人生活的幸福与否,不仅与社会文明程度有关,也与是否拥有一个温馨、和睦的家庭密切相关。家庭美德,是公民在家庭生活中调整家庭成员间关系、处理家庭问题、邻里关系时所遵循的道德规范和行为准则,其目的是建立和谐、美满、幸福的家庭。家庭美德是评价人们在恋爱、婚姻、家庭、邻里交往中的是非、善恶标准,关系到每个家庭的和睦幸福,也有利于社会的安定和谐。

家庭美德的规范是家庭美德的核心,突出了孝敬、宽容、礼让的主题,其内容主要有:尊老爱幼、男女平等、夫妻和睦、勤俭持家、邻里团结。

(1)尊老爱幼:我国自古以来就倡导"老有所终,幼有所养",形成了尊老爱幼的良好家庭道德传统。尊老爱幼是每个公民必须遵守的道德准则,也是每个公民应尽的社会责任和法律义务。

链接

古语名言

百善孝为先——(清)王永彬《围炉夜话》

敬爱而致文——(战国)荀子

慈惠爱亲曰孝——《逸周书·谥法》

尊老的基本要求是赡养。父母对子女的爱,是最伟大、无私的。对父母的养育之恩,子女理应报答。古语云:"谁言寸草心,报得三春晖。"赡养父母是子女必须承担的法定义务,也是社会主义家庭美德的基本要求。我们每个人都会变老,善待老人,也是善待明天的自己。

案例2-3

5岁,爸爸车祸身亡,妈妈将孟佩杰送给别人领养,妈妈不久也因病去世。养母刘芳英3年后瘫痪在床,养父一走了之,养母企图自杀被孟佩杰发现:"妈妈,你活着就是我的心劲,有妈就有家。"当别的孩子享受宠爱时,8岁的孟佩杰已独自买菜做饭。在同学们印象中,她总是来去匆匆,她要替养母穿衣、刷牙洗脸、换尿布、做饭喂饭、敷药按摩、换洗床单……她每天要帮养母做200个仰卧起坐、240次拉腿、30分钟捏腿。有时养母

排便困难,孟佩杰就用手指一点点抠出来……2009年,孟佩杰考上山西师范大学临汾学院,她决定带着养母上大学,在学校附近租了房子。暑假,她在烈日酷暑下发传单挣工资,拿到钱后第一件事,就是给养母买最爱吃的红烧肉。她婉拒了很多好心人的资助,毕业后愿望就是做一名快乐的小学老师(图2-5)。

问题:

孟佩杰的事迹体现了怎样的道德品质?谈谈你的感想。

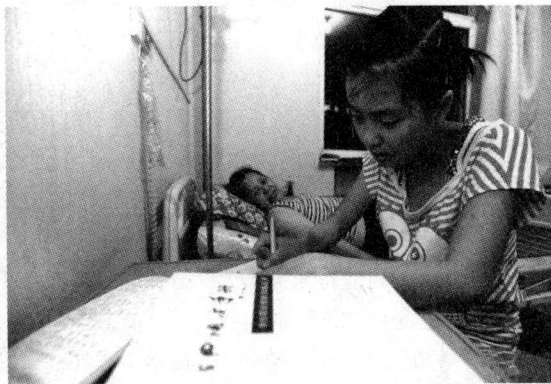
图2-5 带着母亲上大学

案例2-3分析

命运对孟佩杰很残忍,她却用微笑回报这个世界。孟佩杰一人撑起几经风雨的家,她用孝心、爱心和耐心与亲人不离不弃,她用行动诠释了触动人心的平凡而伟大的美德——孝顺。作为一名中职生,我们也应该从现在做起,问问自己父母为我们做了什么,反过来我们又为父母做过什么?

爱幼即爱护晚辈。在家庭中,父母对子女要承担起抚养和教育的责任,从生活上关心和照顾子女,从思想上理解和教育子女,绝不允许遗弃子婴;在社会上,要关心儿童、青少年的健康成长。爱幼是对弱小的爱护与扶助,是为了祖国的未来。

(2)男女平等:男女平等,是指在家庭生活的各个方面,女子和男子地位平等、人格独立,享有同等的权利,履行同等的义务。在我国,男女平等不仅是一项家庭美德,还是一项基本国策,充分体现了社会主义制度的优越性(图2-6)。我们要摒弃"重男轻女"的传统思想,使家庭中的男女享有财产、教育、就业等方面的同等权利。特别是生育观上,要真正做到"生男生女都一样"。实现男女平等,需要男性的理解、支持和尊重,女性自己也应做到自尊、自爱、自立、自强,做一名既是生活的主人、又是事业强者的新时代女性。

(3)夫妻和睦:夫妻关系是家庭关系的核心,夫妻和睦是家庭幸福的重要前提和保证。夫妻和睦,志同道合,共同进步,是维护家庭和谐、融洽的关键,也

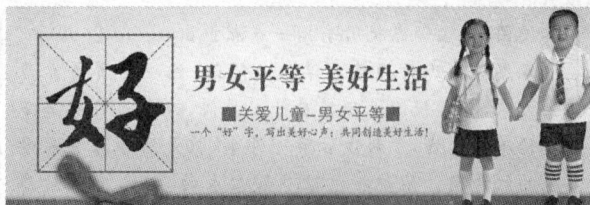

图 2-6　关爱儿童，男女平等

是家庭生活中应该遵守的重要行为准则。夫妻关系应以平等互爱为基础，在平凡的日常生活中巩固、培养感情，努力做到互敬、互信、互谅、互帮、互勉，使家庭生活生动而活跃。

（4）勤俭持家：勤俭持家是文明健康家庭的重要标志。勤劳是指不怕辛苦，尽力多做事，凭自己的双手和智慧获得经济收入的增加和生活条件的改善。节俭是合理节制消费，不要奢侈浪费。古人说："俭以养德。"当前，勤俭持家是以"量力而行、量入为出、勤俭节约、适度消费"为原则，树立具有现代文明的消费观。一方面，不盲目攀比，不追求高消费。在坚持量入为出原则的基础上，根据现代生活消费特点，适度的"超前消费"也不为过。但切忌盲目攀比，追求不合实际的高消费。另一方面，适当增加精神消费的比重。在物质条件基本满足之后，及时调整消费结构，把精神消费和家庭文化生活提升到重要地位。

（5）邻里团结：人们说："远亲不如近邻。"邻里之间既无血缘关系，又无法定关系，而是一种地缘关系。邻居之间朝夕相处，在日常生活中有广泛的联系。邻里关系处理好了，就能互为依靠、互为助手。良好的邻里关系对人们的生活、工作、学习等各方面都大有益处。

链接

加强邻里团结要做到"四互"

（1）互尊，就是要尊重邻居的人格和合法权益，尊重邻居的生活方式和生活习惯。

（2）互助，要视邻里的事情如自己的事情，视邻里的困难为自己的困难，积极主动地帮助邻居。

（3）互让，即遇到矛盾时不斤斤计较，退一步"海阔天空"，有风格、讲谦让，平和协调邻里关系。

（4）互谅，要了解邻居的生活习惯，理解邻居的职业，谅解邻居的苦衷。

邻里之间要少一点抱怨，多一点宽容；少一点计较，多一点关怀；少一点评头论足，多一点相互学习。

2. 社会公德　社会公德是在人类长期的社会实践中逐渐形成的，要求全体公民在履行社会义务或涉及公众利益的活动中应当遵循的道德准则，具有基础

性、全民性和相对稳定性的特点。社会公德是每个公民生活中最基本的行为规范和道德要求，是社会生活最广泛、最一般关系的反映，体现了社会文明程度和公民道德水平的高低。

随着社会发展，人们的公共交往领域在不断扩展，人与人之间的社会交往日益复杂，社会公德在调整人们社会活动方面所起的作用越来越举足轻重。社会公德的主要内容为：文明礼貌、助人为乐、爱护公物、保护环境、遵纪守法。

（1）文明礼貌：社会生活中人与人之间要和谐相处，举止文明，杜绝说脏话、谎话等恶习，是处世做人的基本要求。

（2）助人为乐：爱人者，人恒爱之；信人者，人恒信之。社会生活中总会遇到困难和问题，人与人之间应该团结友爱，相互关心，相互帮助，才会感到温暖和安全。

案例 2-4

2011年7月2日下午1时30分，在杭州滨江区白金海岸小区，2岁的妞妞趁奶奶不注意爬上窗台，被窗沿挂住，随时可能坠落，邻居们都惊呆了，1分钟后，妞妞突然坠落。楼下路过的吴菊萍踢掉高跟鞋，张开双臂冲过去，用双手接住了孩子。妞妞得救了，吴菊萍的左手臂却多处粉碎性骨折，尺、桡骨断成三截，预计半年才能康复。而她自己的孩子，当时只有七个月大，尚在哺乳期。吴菊萍平静地说："就那么一点点时间，如果多想就来不及了。这是本能，是一个母亲应该做的事情。"吴菊萍被网友称为"最美妈妈"，被评为2011年度感动中国十大人物之一，公司也奖励她20万元。铺天盖地的荣誉面前，吴菊萍说："我只是普通人，问心无愧就好。"（图2-7）

问题：

面对突然而来的事件，你会如何选择？看到吴菊萍的事迹，你有什么启发？

图 2-7　吴菊萍和妞妞过中秋

案例2-4分析

危险在突然之间发生,吴菊萍没有犹豫与权衡的空间与时间,不假思索就伸出双手,挺身而出,接住生命,没有时间思考"助人为乐"的意义,却托住了"幼吾幼以及人之幼"的传统美德。吴菊萍当时的表现和事后的低调都体现了令人感动的普通人的人性之美,充分体现了中华民族的传统美德和社会公德,激发了整个社会的向善力量,触动了每个善良百姓心底的感受。我们每个人都应该受到这种真善美的感召,努力做一个具备高尚道德品格的人。

(3)爱护公物:爱护公共财物是社会公德极其重要的内容。国家及公共财产不受侵犯,尤其是在公共场合更要注意。

(4)保护环境:为了保持社会公共生活的环境整洁、舒适和干净,保障社会成员的身体健康,每个公民都应当讲究公共卫生、保护生活环境,这不仅是身心健康的重要保证,也是社会风尚的一个重要方面。

(5)遵纪守法:法律是对公民行为的必要约束及规范,自觉遵守法律法规、纪律,是社会公德最基本的要求。每个社会成员都应自觉提高法律意识、增强法纪观念,自觉地用法纪来指导和约束自己的行为,自觉履行法纪规定的义务,正确运用法纪手段保护自己的合法权益不受侵犯,敢于并善于运用法律武器同各种违法乱纪现象作斗争,真正做到知法、懂法、遵纪守法。

考点提示:社会公德的主要内容

二、提升道德境界 促进社会和谐

你的人生是道德高尚的吗?你的一生是快乐幸福的吗?每个人的幸福生活组成了和谐的社会整体,而幸福的真谛到底源于什么?古今中外的思想家通过探索、论证和总结,从而提出这样的结论:有道德的人,才是幸福的。

我国古代把道德修养看成治国平天下的大事。孔子说:"修己以安人,修己以安百姓。"只有自身具备高尚的道德修养,才能使百姓得到安宁。孔子还提出:"德润身。"对于个人来讲,进行道德修养,能够展示自己的素质,实现自身价值,更是通往幸福的必经之路。只有树立正确的幸福观,注重个人与社会的和谐统一,不断提升自己的道德修养,进行道德实践,才能得到真正的幸福。

链接

梭伦的幸福观

古希腊思想家梭伦最早从理论上探索幸福,他认为:幸福不是单纯的物质生活领域的幸福感,还需要与社会道德伦理要求相符合。幸福应当是物质生活与精神生活的统一。

道德修养渗透、贯穿于每个人的一生,是个人成长与发展的必然要求。而在当今社会,道德修养仍然是道德建设的重要内容。注重道德修养,提升道德境界,陶冶情操,努力树立正确的世界观、人生观、价值观,对自己的一生的奋斗和成功会产生长远而巨大的作用。

作为社会的一分子,每个人都需要不断自我提升道德修养和道德境界,才能共同塑造美好的社会生活。在家庭里,要尊老爱幼,互谅互助;与他人的交往中,我们要遵纪守法,诚实守信,讲文明讲礼貌;在职业中,我们要爱岗敬业,奉献社会。我们的行为改变着自己,也影响着他人和社会。身处社会整体之中,每个人做好自己,才能共同构成社会和谐。

考点提示:如何提升道德境界

链接

名人名言

人是为别人而生存的——首先是为那样一些人,我们的幸福全部依赖于他们的喜悦和健康;其次是为许多我们所不认识的人,他们的命运通过同情的纽带同我们密切结合在一起。——爱因斯坦《我的世界观》

公民道德建设是构建和谐社会的重要途径。让我们从自我做起,从身边做起,使道德成为个人幸福和社会和谐的不竭动力和源泉。

第2节 职业道德是职业成功的必要保证

案例2-5

上海《东方早报》记者简光洲,他的报道《甘肃十四名婴儿疑喝三鹿奶粉致肾病》的报道刊出后,三鹿集团彻底垮了,多名高官下台了,奶农遭受严重损失,与此同时,也挽救了无数婴幼儿的生命免受毒害。简光洲之前已有媒体陆续报道,但是都未明确指出奶粉品牌,简光洲在发稿之前也很担心影响到中国的著名民族品牌和国际形象,但为了无数患儿和家庭,他决定说真话。

问题:

你认为简光洲做得对吗?谈谈你的看法。

案例2-5分析

简光洲做得非常正确,他是一名有职业道德的记者。中国需要有良知的记者,需要有道德的媒体。具体到每一个人,我们都应当恪守职业道德,在职业活动中严于律己,始终能够以职业道德规范要求自己,提升职业素养。

一、职业道德的内涵、特点和作用

(一) 职业道德的内涵

职业道德,就是同人们的职业活动紧密联系的、具有特定职业特征的道德要求和行为准则的总和,即一般社会道德在职业生活中的具体体现。它既是对本职人员在职业活动中行为的要求,同时又是职业对社会所负的道德责任与义务,调节着从业人员之间及从业人员与服务对象之间的人际和谐。

(二) 职业道德的特点

1. 适用范围的特定性　职业道德与职业实践活动紧密相连,只对特定职业范围内担负着一定的责任与义务的人们具有约束力。例如,"医德"是"救死扶伤"、"治病救人","商德"是"买卖公平"、"童叟无欺"等。

2. 表现形式的多样性　各种职业道德都有其具体、细致的要求,其表现形式往往多种多样。根据本行业的特点,采取简明扼要的语言进行规定,包括行业公约、规章制度、职工守则、行为须知乃至标语、默许等形式(图2-8)。

3. 行为活动的实践性　只有在职业实践的过程中,才能体现出职业道德的标准。同时,从业者需要相应的知识、技术和技能才能做好本职工作。因此,职业道德从现实角度规范着从业人员的具体行为。

4. 明确的规范性　职业道德渗透在职业活动的方方面面,采用不同的表现形式,与职业纪律紧密结合,带有明确的规范性。例如,工人必须执行操作规程和安全规定,军人要服从严明的纪律。

5. 时代发展的历史继承性和相对稳定性　职业不断发展,具有历史继承性。在不同的社会发展阶段,同一种职业的服务对象、服务手段及职业利益、职业责任和义务相对稳定,职业道德的核心内容也得到继承和发扬并被普遍认同。同时,特定职业环境中产生和发展起来的职业道德,往往形成世代相承的职业传统、职业习惯、职业心理等,因此职业道德又具有相对稳定性。

> **链接**
>
> **古代的职业道德**
>
> 公元前6世纪的《孙子兵法·计》中,"智、信、仁、勇、严"被中国古代兵家称为将之德。明代兵部尚书于清端提出了封建官吏道德修养的"亲民官自省六戒"即"勤抚恤、慎刑法、绝贿赂、杜私派、严征收、崇节俭"。中国古代的医生,也在长期的医疗实践中形成了优良的医德传统:"疾小不可云大,事易不可云难,贫富用心皆一,贵贱使药无别。"公元前5世纪古希腊的《希波克拉底誓言》,则是西方最早的医界职业道德文献。

(三) 职业道德的作用

1. 调节职业交往中从业人员内部及从业人员与服务对象之间的关系,促进人际和谐　职业道德一方面规范着职业内部人员的行为,促进职业内部人员的团结与合作。另一方面,职业道德又调节着从业人员和服务对象之间的关系(图2-9)。如职业道德规定了医生怎样对患者负责;教师怎样对学生负责等。

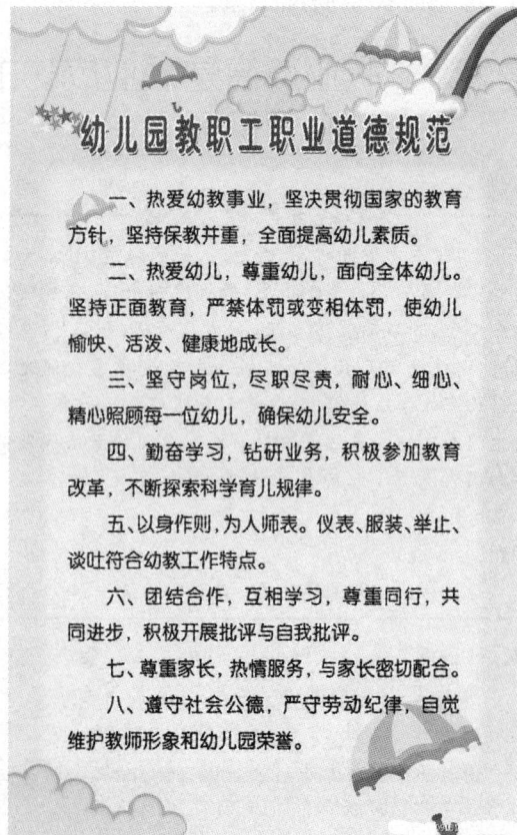

图2-8　幼儿园教职工的职业道德规范

图2-9　医德重于天

2. 有效保证产品和服务质量,维护和提高行业信誉,促进行业发展　信誉就是生命。行业和企业的信誉,代表其形象和信用,是行业和企业在社会公众中的信任程度。提高信誉主要靠产品质量和服务质量,从业人员职业道德水平就是产品和服务质量的有效保证。同时也促进从业人员树立责任意识,提高其知识和能力素质,从而提高经济效益,促进本行业的发展。

3. 有助于全社会成员道德水平的提高　职业道德是社会道德的主要内容,不仅涉及每个从业者如何对待职业,也关系到从业者的生活态度和价值观念,是个人道德意识和道德行为发展的成熟阶段。职业道德也是一个职业集体乃至一个行业全体人员的行为表现,如果每个行业、每个职业集体都具备优良的道德,整个社会道德水平的提高将成为必然。

考点提示:职业道德的作用

二、职业道德的基本内容

在职业生涯发展中,只有具备良好的职业道德,在职业范围内以一定的思想、态度、作风和行为待人处事,尽职尽责,才能产生强烈的职业情感,忠诚于本职工作,敢于面对现实,战胜困难,激发起承担职业责任的不竭动力。

职业道德的基本内容包括:爱岗敬业、诚实守信、办事公道、服务群众、奉献社会。

(一) 爱岗敬业

爱岗敬业是社会主义职业道德的基本要求和首要规范。爱岗敬业就是对自己的本职工作有高度的职业荣誉感和责任感,干一行,爱一行,干好一行。"爱岗"就是对自己的职业岗位有情感的投入,热爱本职工作,安心本职工作;"敬业"就是在爱岗的基础上对岗位产生崇敬心理和严肃态度,产生高度的职业荣誉感和使命感,勤奋努力,忠于职守。

爱岗敬业是人类社会最为普遍的奉献精神,看似平凡,实则伟大。爱岗是敬业的感情铺垫,敬业是爱岗的具体体现,爱岗敬业是职业成功的重要基础。

爱岗敬业是用人单位挑选人才的一项重要标准。只有干一行,爱一行,才能专心致志地做好工作。如果"干一行,厌一行",不但自己的聪明才智得不到充分发挥,甚至会给工作带来损失。当前,我们实行双向选择,用人单位有择优录用的自主权,实现劳动力和生产资源的最佳配置,劳动者则根据社会需要和个人的专业、特长、兴趣选择职业,做到人尽其才。这与爱岗敬业的根本目的是一致的。

爱岗敬业要求我们在职业活动中做到乐业、勤业、精业。乐业,就是因工作而快乐,热爱和热心于自己的工作,体会工作的乐趣;勤业,就是勤奋工作,兢兢业业,每一分钟都要尽心竭力;精业,就是不断进取,精益求精,在工作中追求创新,更臻完美。

案例 2-6

2007年冬天的一个早晨,哈尔滨203路公交车司机何国强在行车路过十字路口时突发心脏病,他拼尽最后一丝气力踩住刹车,稳稳地停靠在路边,保证了车上二十多个乘客的安全。随后他趴在方向盘上离开了人世……

问题:

生命与道德面前,何国强的抉择对你有什么触动?

案例 2-6 分析

在平凡的职业岗位上,何国强在生命最后时刻的非凡抉择,避免了一场重大交通事故的发生,诠释了真正的职业道德,是职业精神的完美体现。正是长期爱岗敬业的自律,使他心里时刻想着对乘客的安全负责。在职业活动中,爱岗是敬业的感情铺垫,敬业是爱岗的具体体现,我们要乐业、勤业、精业,干一行,爱一行,干好一行。

考点提示:爱岗敬业的内涵及要求

(二) 诚实守信

案例 2-7

北京同仁堂,创建于清朝康熙八年(1669年),自雍正元年(1721年)起开始正式供奉清朝皇宫御药房用药,历经八代皇帝。同仁堂以"济世养生"为宗旨,"炮制独特,选料上乘,工艺精湛,疗效显著"。历代同仁堂人树立"修合无人见,存心有天知"的自律意识,确保"同仁堂"信誉长盛不衰。当经销商在广告中擅自增加并夸大某种产品药效时,同仁堂郑重登报予以纠正并向消费者致歉。视信誉如生命,使得同仁堂作为中国第一个驰名商标享誉海外,成为拥有境内境外两家上市公司的国际知名企业。

问题:

同仁堂如此经久不衰,靠的是什么?

案例 2-7 分析

同仁堂以其优良品质和长久信誉赢得百姓的信赖。我们都很认同同仁堂的药品。作为中国第一个驰名品牌,同仁堂享誉海外,实现了良性循环。无论是个人还是单位,质量是保证,信誉是生命,诚实守信,合法经营,才是长久之计。良好的诚信度是文明社会的通行证,也是人们之间相处的基础。做诚信的人,才能对得起自己,对得起职业,对得起国家和社会。

"诚实守信"是一种道德品质,也是每个公民的道德责任,更是一种崇高的"人格力量"。诚实,就是忠于事物的本来面貌,不说谎,不作假,表里如一,不为不可告人的目的欺瞒别人。守信,就是讲信用、讲信誉,信守承诺,忠实于自己承担的义务。诚实守信要求人们诚善于心,言行一致,实事求是地为人处事,这是职业道德的重要原则。随着时代的发展,"诚实守信"也不断被赋予体现时代精神的新内涵。

无论从事哪种职业,"诚实守信"都应融入职业道德的具体要求,从而提高职业人员的思想道德素质。在职业活动中,强调诚实劳动,合法经营,实事求是,信守承诺。良好的诚信度是文明社会的通行证,也是人们之间相处的基础。做诚信的人,才能对得起自己,对得起职业,对得起国家和社会。

> **链接**
> ### 诚　与　信
> 东汉的许慎在他所著的《说文解字》中说,"诚,信也",又说"信,诚也"。孔子认为,"信"是人的立身之本。古人认为,在为人处事中,"谨而信"(谨慎和诚信)是最基本的。

考点提示:诚实守信的内涵及要求

(三) 办事公道

办事公道是社会主义职业道德的又一重要内容,强调在职业活动中处理事务时要公平公正、公私分明、坚持原则;对不同的服务对象要一视同仁,秉公办事,遵守职业制度和职业纪律;不因职位高低、贫富、亲疏关系的差别而区别对待,要实事求是地待人处事,尊重每个人的合法权益。

办事公道涉及职权行使和对服务对象的态度,对社会和职业部门具有重要意义,也是个人品格和魅力的原则,体现着高尚的道德和品质。

> **链接**
> ### 办事公道的具体要求
> 坚持真理,立场坚定;公私分明,严格要求;公平公正,不徇私情;光明磊落,敢于负责。

考点提示:办事公道的内涵

(四) 服务群众

服务群众不仅是对服务行业的要求,也是每一个从业人员应该遵守的基本职业道德之一。服务群众要求从业人员能够从群众的利益出发,了解群众需要,端正服务态度,尊重服务对象,提高服务质量,体现了全心全意为人民服务的核心精神。社会主义社会各行各业的生产经营目的,都是直接或间接地满足人民日益增长的物质文化生活的需要。

同时,每一行业及其成员的需要都要依靠社会生产中的其他行业来满足,因此,每个人既是各个行业

的服务对象,同时也是为其他行业提供劳务或产品的服务者,形成了各行各业"人人为我、我为人人"的有机整体,这就是人人都是服务对象、人人都为他人服务的和谐境界。这在客观上也促使从业人员增强专业知识,提高职业技能,提升服务质量。送人玫瑰,手留余香,服务群众的快乐是任何行为都替代不了的。

> **案例 2-8**
> 任长霞1998年被任命为郑州市公安局技侦支队长后,被誉为"警界女神警"。2001年调任登封市公安局局长,解决了十多年来的控申积案。她始终把人民群众的疾苦和安危放在心上,视百姓为父母、视孤儿为己出。2004年4月14日晚8时40分,任长霞在侦破案件时途经郑少高速公路发生车祸,因公殉职,年仅40岁。举办葬礼时,登封市万人空巷,自发为她送行。2004年6月,她被公安部追授"全国公安系统一级英雄模范"称号。任长霞是"流动在百姓心中的丰碑",她能赢得百姓的爱戴,因为"在她的心里有对百姓最虔诚的尊重"。
>
> 问题:
> 任长霞最感动你的精神是什么?我们应该如何做?

案例 2-8 分析

任长霞服务百姓,一心为民,她以执法为民的模范行为和无私奉献的崇高品德,自觉实践着"立警为公,执法为民",树立了党员干部的良好形象,赢得了人民群众的衷心爱戴。她忠于职守、克己奉公,一腔热血,捍卫一方平安,把有限的生命投入到无限的为人民服务之中,切实做到了"人民公安为人民",树起了百姓心中的丰碑。立足自身,我们也要学习任长霞精神,学习她真心实意、堂堂正正做人,学习她以身作则、爱岗敬业、忠实履行人民警察的神圣职责,把自己融入到人民群众之中,奋斗不息,要把这些品质带到生活的每一个角落。

考点提示:服务群众的内涵及要求

(五) 奉献社会

奉献社会就是要履行对社会、对他人的职业义务,自觉作出贡献。服务群众是奉献社会的内容和手段,奉献社会是服务群众的结果,也是职业道德中的最高层次,是做人的最高境界。

奉献的最基本要求是在工作岗位上兢兢业业,全心全意为他人和社会奉献,敬业爱岗,尽职尽责,通过一系列的职业劳动向社会贡献物质财富和精神财富。而更高要求的无私奉献要求我们能够正确处理国家、集体、个人三者的利益关系,自觉增强社会责任感,充分实现自我价值,并能在需要的时候做出更多的自我限制和自我牺牲。孔繁森等一批优秀党员干部就是在有限的生命中实践着全心全意为人民服务、甘当人民公仆、吃苦在前、享乐在后的无私奉献精神。榜样的力量必将长久地激励着我们努力工作,服务群众、奉献社会,营造互助友爱的社会氛围,增强社会凝聚力。

案例 2-9

在职业和道德间徘徊的记者

1993年，南非摄影家凯文·卡特和西尔瓦一起去遍地饥荒的苏丹拍摄其叛乱情况。在伊阿德村，卡特拍到了一个苏丹小女孩艰难地爬向食品发放中心，她身后是一只虎视眈眈的兀鹰，等待着即将到口的"美食"（图2-10）。这张震撼世人的照片获得1994年普利策新闻特写摄影奖，但也引来许多批判，质疑作者为什么不去搭救那个可怜的小女孩。获奖两个月后，卡特面对良心上的谴责和内心的困惑，不堪公众舆论压力而自杀身亡。

图 2-10 卡特拍摄的照片获得 1994 年普利策新闻特写摄影奖

新闻与生命

2006年7月10日，河南电视台都市频道记者曹爱文正在采访途中，在郑州市花园口附近遇到一名13岁女孩不慎落入黄河，曹爱文前往采访。女孩被救上岸后，村民用土法施救无效，曹爱文当即拨打120咨询人工呼吸方法，不顾女孩嘴角的白沫和饭渣，俯身做人工呼吸。曹爱文说："一个生命比一条新闻报道重要得多。做优秀的记者，首先要做一个好人。"

问题：

比较以上案例，谈谈你对职业道德的理解。

案例 2-9 分析

新闻职业与道德发生冲突时谁先谁后？先抢新闻还是先挽救危难？有人认为：记者只是社会监督的工具和纽带，记者的"敬业"就是新闻，承担救助责任的是其他机构。但是更多的人认为：一个好的记者首先应该是一个好人。记者的职业再神圣，也没有权利为了新闻效果而见危不救。媒体应该给读者呈现理性的思考和人性的光芒，其最基本的出发点是尊重生命，尊重人权；无论何种行业，都应首先以做有道德的人为最基本的原则，丧失了道德而谈"职业"，绝不会被社会所认可。

考点提示：奉献社会的内涵及要求

三、医护工作者的职业道德

医疗和护理工作，是理想，是境界；医生和护理人员，是职业，是使命。医护工作往往与"神圣"、"尊敬"联系在一起，是一种人性和情感的表达，是人类生命和健康的保护神。医术诚可贵，医德价更高。自觉地加强医德修养，是医护工作者不可推卸的责任。医德是一种行动，要做到"通天理、近人情、达国法"，它具有全人类性、严肃性、平等性，贯穿在医护工作者的整个职业生涯之中。

医护工作者的职业道德，就是指医护工作者在医护实践活动中所应遵循的道德规范和思想品质，是医务人员与患者、社会以及医务人员之间关系的总和。我国古代名医孙思邈所著的《千金要方》中特别提到医生的道德准则，要求医者不避艰险，尽心竭力，治病救人；不怕脏臭，不分贵贱贫富、长幼妍媸，一视同仁；不以一技之长，掠取民众财物。医德同其他职业道德一样，也在实践中不断得到充实、发展和完善，从而形成稳定的职业心理和行为习惯。

（一）救死扶伤，发扬人道主义精神

爱心是医德的核心。孙思邈认为："人命至重，贵于千金。"救死扶伤，发扬人道主义精神，是医护工作者职业道德的主要规范和基本准则，贯穿于整个医疗活动过程中。医护工作者最基本的道德义务就是一切为人民的健康服务，最根本的宗旨是想患者之所想，急患者之所急，千方百计为患者解除病痛，保障人民的健康，这也是医护工作者光荣而神圣的职责与义务。医务人员应以治病救人为本，具有爱人助人的仁爱精神。

链接

古语名言

凡大医治病，必当安神定志，无欲无求，先发大慈恻隐之心，誓愿普救含灵之苦……见彼苦恼，若己有之，深心凄怆，勿避艰险，昼夜、寒暑、饥渴、疲劳，一心赴救，无作功夫形迹之心，如此可为苍生大医。——孙思邈《大医精诚》

（二）互敬互学，搞好医护协作

医疗实践需要医护人员的团结协作，团队精神是医护工作的硬道理。医生之间、医生护士之间、护士之间、不同部门之间，既要分工负责，又要通力合作。医护协作，相互尊敬，相互学习，共同保障生命健康，这是保证医疗质量的重要条件，也是医务人员正确处理个人与同行之间、个人与医院集体之间关系的道德要求。作为一名医护工作者应不存杂念,正确处理同行同事间的关系,做好协调配合工作。

案例 2-10

一个小孩,患麻痹性肠梗阻,因不能进食而插了鼻饲管并进行输液支持治疗。医师查房后,简单进行口头医嘱:"有尿后给氯化钾溶液 10ml 推入管内。"患者有尿后,护士没有再多问,将 15％氯化钾溶液 10ml 直接推入静脉输液壶内,而氯化钾是不能静脉推注的,孩子当即心跳骤停,因抢救无效而死亡。

问题:

在这起医疗事故中,医生和护士之间有没有通力合作呢?

案例 2-10 分析

这起医疗事故主要是由于医生和护士之间没有能够进行良好的沟通与合作而导致的。医生违反了卫生部"医嘱制度"中"除在抢救或手术中外,不得下达口头医嘱。下达医嘱,护士需复诵一遍,经医生查对药物后执行,医生要及时补记医嘱"的规定。护士的行为则违反了医护关系中"尊重信任,彼此监督"的道德规范,一旦发现医嘱有误或不清楚应当询问清楚后再执行,本案例中护士未追问清楚,便错误地执行口头医嘱;其次是违背了护患关系中"热爱本职,精益求精"的道德规范,不懂得氯化钾不能静脉推注,以至酿成医疗事故。

(三) 认真负责,精益求精

医护工作者的服务对象是患者,任何医疗活动都直接关系到患者的生命健康。这种职业特点要求医护工作者必须严谨求实,忠于职守。医护人员既要有高尚的医德,又要有精湛的医术。因而,应当教育医护工作者自觉维护患者的利益,秉持医护工作者的道德良心,倡导认真负责的工作态度,严格遵守各项医疗规程;要树立钻研医术、精益求精的精神,提高职业技能,做到准确诊断、精心治疗和护理;要了解国内外医疗发展动向,学习先进的医疗知识和技术,在不懈的追求中练就精湛的医术和先进的工作方法,使医德与医术成为统一的整体,做医德高尚、医术精良的"大医"。

(四) 细心耐心,周到体贴

医护工作其实是一种特殊的专业性服务,在工作实践中,应当以患者为本,细节呵护,做到举止端庄、语言文明、态度和蔼、谨慎周到,把患者作为有生命尊严的个体,同情和体贴患者;同时,要做好高效沟通,拉近与患者的距离,主动营造和谐愉快的工作环境和人际关系,遇到医患纠纷,更应秉持一颗真诚的心,掌握处理医患纠纷的方法与艺术。真心实意的服务是永恒的价值导向,这样才能成为有职业精神的医护工作者,在平凡的工作岗位上作出不平凡的贡献。

案例 2-11

南丁格尔被称为"伤员的天使"和"提灯女神"。她不顾父母的反对毅然成为一名护士。在 1854 年的克里米亚战争中,她带领 38 名妇女担任战地护理工作,用默默无闻的真诚给士兵们带来了莫大的身心抚慰。1860 年,南丁格尔创立了世界上第一所正规护士学校,被誉为现代护理教育的奠基人。为了纪念她,世人把她的生日定为国际护士节(每年 5 月 12 日)。1912 年,第九届国际红十字大会通过决议,设立了南丁格尔奖。图 2-11 为南丁格尔誓言。

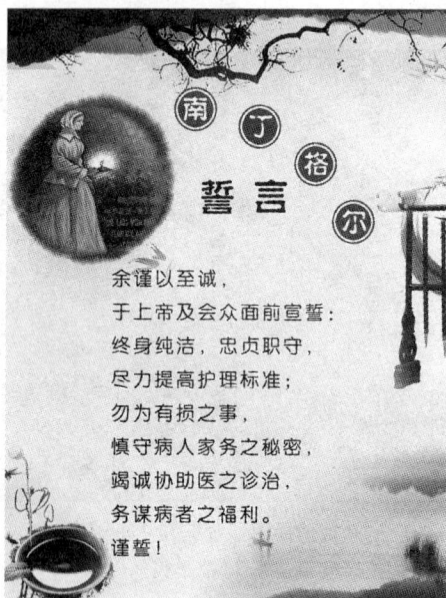

余谨以至诚,
于上帝及会众面前宣誓:
终身纯洁,忠贞职守,
尽力提高护理标准;
勿为有损之事,
慎守病人家务之秘密,
竭诚协助医之诊治,
务谋病者之福利。
谨誓!

图 2-11　南丁格尔誓言

问题:

谈谈你如何看待南丁格尔的事迹?

案例 2-11 分析

南丁格尔女士是一位伟大的女性,她以最高的奉献精神把一生献给了护理事业,为护理事业奋斗终生。南丁格尔倡导崇高人道主义精神。她提倡用"四心"即爱心、耐心、细心和责任心去对待每一位患者。她的精神激励着一代代的"白衣天使"肩负起护卫生命的使命。作为一种特殊的服务工作,护士在实践中,应当以患者为本,保持真诚的心,成为有职业精神的医护工作者,在平凡的工作岗位上作出不平凡的贡献。

(五) 尊重患者,保守医密

高尚的职业风范照亮医护工作的前行之路,为每一个生命保驾护航是医护工作者的终极使命。这其中不仅包括对患者身体健康的负责,也包括对患者人格情感的尊重。医护工作者要为患者保守医密,以诚实守信为基本准则,实施保护性医疗制度,求真务实,不以任何方式泄露患者的秘密和隐私,不做有损于患者利益的事情;同时要尊重患者的人格与权利,不分民族、性别、职业、地位、财产状况等,一视同仁。珍惜患者的身心健康,是对患者最深的关爱。

考点提示:保护患者隐私

（六）遵纪守法,不谋私利

医护工作者被称为圣洁的"白衣天使",承载着生命的希望,更应自尊自爱,自强不息。作为医护工作者,应当自觉遵纪守法,廉洁奉公,淡泊名利,绝不造假,抵制和纠正行业不正之风。如果医患之间仅仅只剩下赤裸的金钱和生命的交易,就是对医学的背叛和医护工作者神圣职责的亵渎。

> **链接**
> 医疗行业是一个高劳动强度、高风险的职业。当前,人道主义与现实收入相结合的新型医德观,要求以人道主义的态度对待患者,把患者利益放在首位,肯定医护人员对生命健康的道德责任和义务,同时兼顾社会、患者与医护工作者的利益,适应了社会和医学发展的新情况,必将受到医护工作者的欢迎,这一方向和制度已经体现在现时医疗制度改革的政策导向中。

做事先做人,医护工作是一种职业,对工作极端负责,对技术精益求精,对人民高度热情是医护工作者的职业信条。高尚的医德是医护工作者的灵魂,是医护人员在工作过程中要贯彻始终的指导思想和行为准则。在全面建设小康社会、社会主义医疗卫生事业蓬勃发展的今天,本着继承、发扬与创新相结合的原则,我们应当树立全面、科学、正确的医德观念,贯彻"以人为本、以病人为中心"的理念,更好地担负起救死扶伤、防病治病的神圣职责,不断促进医德建设和医疗卫生事业的全面、协调、可持续发展。

第3节　职业道德行为及其养成

一、职业道德行为养成的内涵和作用

（一）职业道德行为养成的内涵

职业道德行为是指从业者在一定的职业道德认知、情感、意志、信念的支配下所采取的自觉活动。我们按照职业道德规范的要求对这种活动进行有意识的训练和培养,从而称之为职业道德行为养成。职业道德行为养成不是先天形成的,主要是靠后天的坚持不懈的长期训练。

深刻理解职业道德行为养成的内涵,其实质就是职业道德品质的形成,它包括"知、情、信、意、行"五方面要素:

1. 职业道德认知　是指从业者对职业道德原则和规范的认识,包括判断和评价从业过程中的是非、善恶、荣辱等。职业道德认知是职业道德行为养成的前提。

2. 职业道德情感　是从业者在一定的道德认知的基础上,对现实生活中的职业道德关系和职业道德行为的爱与憎、喜与怒等心理表现。职业道德情感是职业道德行为养成的动力之一。

3. 职业道德信念　是指从业者对一定的人生观、道德、理论和实践原则的合理性、正义性的尊崇,从而形成对职业道德义务的强烈责任感。职业道德信念是职业道德行为养成的核心。

4. 职业道德意志　是从业者在履行道德义务、实践职业理想的过程中克服困难、排除障碍的精神力量。职业道德意志是职业道德行为养成的又一个重要动力。

> **链接**
> **古语名言**
> 富贵不能淫,贫贱不能移,威武不能屈。——孟子《孟子·滕文公下》

5. 职业道德行为　是检验道德认知的最终标准,也是职业道德行为养成的最终结果。它要求从业者按照一定的职业道德规范开展职业活动。

职业道德行为养成的最终目的,就是要把职业道德原则和规范贯彻落实到职业活动中,从而形成良好的职业道德行为习惯,言行一致,进而形成高尚的职业道德品质,提升职业道德境界。

（二）职业道德行为养成的作用

中等职业学校培养面向社会的一线技能人才,不仅要掌握专业理论和技能,更要具备良好的职业道德行为习惯,这必须经过长期锻炼才能形成。职业道德行为养成教育,对中等职业学校的学生具有重要的作用:

1. 有助于提高学生的综合素质　经济社会的飞速发展对中职生的素质提出了更高的要求,而职业道德素质是当代中职生应该具有的最基本素质,职业道德行为是职业道德素质的基础。加强职业道德行为养成训练,才能适应高素质的人才要求。

2. 有助于促进学生的事业发展　中职生的事业发展是与其职业道德密切相关的。能够为他人、为社会作出贡献的良好的职业道德行为,能使中职生争取到更多的机遇,进一步提升工作水平。

3. 有助于实现学生的人生价值　实现人生价值离不开社会,离不开良好的职业道德行为。中职生的人生价值毫无例外,也是在服务群众、奉献社会的实践中体现出来的,能够充分实践职业道德的基本规范,并内化为自觉的职业道德行为,就能够实现自己的人生价值。

4.有助于增强学生的社会适应能力,抵制不正之风的侵蚀　在瞬息万变的市场经济新形势的影响下,各种思潮不断冲击而来,在职业生活中也出现许多不良现象和腐败行为。中职生在职业活动中,要自觉按照职业道德基本规范和行业职业道德规范树立职业道德认知,培养职业道德情感,坚守职业道德信念,增强职业道德意志,形成良好的职业道德行为习惯,这样才能增强自身的应变能力,抵制外来不正之风的侵蚀,更好地适应社会。

考点提示:职业道德行为养成的作用

二、职业道德行为养成的方法和途径

能否胜任岗位要求,充分发挥作用,既取决于个人的专业知识和技能水平,也取决于职业道德素质及对工作的态度和责任心。一个有着良好职业道德行为习惯的人,是职业道德素质高尚的人,是诚实守信、严于律己、待人宽厚、能够与人合作的人。这样才能形成融洽的人际关系,得到他人和社会的支持,其社会交往的层次会不断提高,个人发展空间也会随之拓展。

古人认为,人生有"三不朽",即"立言、立功、立德",其中"立德"是首要的,也是最难的。当代社会,掌握职业道德行为养成的途径和方法,养成良好的职业道德行为习惯,提高职业道德素养,不仅有利于社会的和谐,是社会对每个人的要求,也是我们每个人成长与发展的必要条件。

(一) 见微知著,在日常生活中培养

我们常说,从小事做起,从点滴做起,从现在做起。九层之台,起于垒土;千里之行,始于足下。成功源于点滴小事,大事由小事构成,从小处入手,见微知著,细节更能体现素质。

在我们身边,一次问候、一声感谢、一个微笑、一次困难的克服、一节课的收获、一项作业的完成、一门技术的学习……都是小事,也都是职业道德行为养成训练的开始。

细节决定成败,我们应该遵守基本的职业道德规范,处处用心,处处负责,长期坚持,日积月累,养成良好的职业道德行为习惯。

职业道德行为最大的特点是自觉性,良好的职业习惯主要是自律的结果,一旦形成则终身受用。中职生能从现在开始有意识地坚持良好的行为习惯,就会成为一种自然、自觉的行为。

(二) 精益求精,在专业学习中训练

任何职业都有专门的职业技能,重视技能训练,提高职业素养,掌握扎实过硬的专业本领,提高综合能力,是中职生学习的主要目的。专业学习是有计划、有步骤的训练,在此过程中不仅要学习精深的专业知识和技能,更要见贤思齐,向自觉践行职业道德准则的先进榜样学习,让他们成为我们的标杆和旗帜,深化我们对职业道德精神的理解与认同,并以其指导自己的实际工作与生活,绝不能只是喊口号、走过场、空感动(图2-12)。

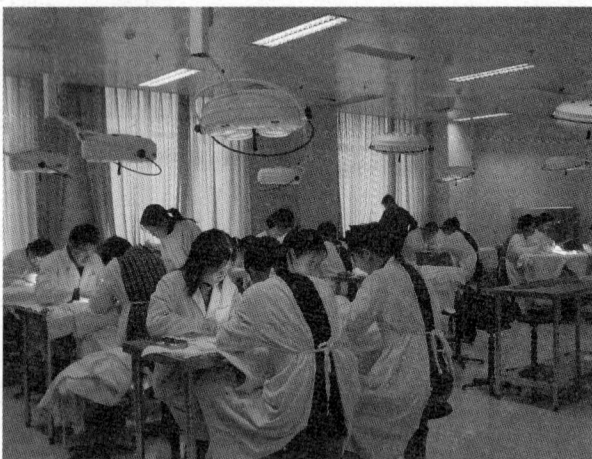

图2-12　在专业学习中训练

职业学校的人才培养会与国家和社会区域发展的总体规划相协调,中职生通过专业学习,能够增强职业道德意识,遵守职业道德基本规范和行业道德基本规范,从而养成良好的职业道德行为习惯,这也是中职生干好本职工作、成就自我价值和社会价值的重要前提。在专业学习中,让我们好中求好,优中更优,实现专业学习和道德修养的理性结合。

(三) 见多识广,在社会实践中体验

职业道德认知、道德情感、道德信念、道德意志的养成,最终都要体现在道德行为上。实践是道德修养的基础,一切社会意识和规范都是在社会实践中形成的。

丰富的社会实践也是中职生成长成才的重要基础。我们只有在社会实践中,在个人与他人、个人与集体、个人与社会的职业道德活动中,才能深刻认识

职业道德规范,认识自己的职责、使命和任务,判断是非善恶,形成有良知的价值观,进而养成职业道德行为习惯。

在社会实践中磨炼和体验,就要积极参加社会实践,培养职业道德情感,通过社会调查、学习典型、社区服务、生产实践等方式有意识地了解职业道德规范的具体要求;要坚持学、做结合,知行统一,以正确的职业道德观念和是非善恶的判断评价来指导实践;遇事要积极处理并领悟职业道德的要求,逐步提高自己的道德水平。

我们常说"熟能生巧",在社会实践中,能够通过"见多识广"不断体验,磨炼成良好的职业道德行为习惯。

链接
名人名言

革命者要改造和提高自己,必须参加革命的实践,绝不能离开革命的实践,同时,也离不开自己在实践中的主观努力,离不开在实践中的自我修养和学习。

——刘少奇《论共产党员的道德修养》

(四) 慎独内省,在自我修养中提高

案例2-12

实习生李婷准备给患者输液,刚要注射时,一不小心,手碰到了一次性注射针头。患者没有看到她的失误,病房里也没有别人,李婷的手刚消过毒,但是,她还是决定承担责任,更换了一只新的注射器。

问题:

李婷的做法对吗?为什么?

这里所讲的"慎独",就是指人们在独自活动、无人监督的情况下,也能自觉地严于律己,谨慎地对待自己的所思所行,按照道德规范行动,防止有违道德的欲念和行为发生,不做任何有违道德信念、做人原则的事情。这是提高个人道德修养的重要方法,也是评定一个人道德水准的关键性环节,是人生最高的道德境界。慎独是一种自律;慎独是一种修养;慎独是一种坦荡。慎独的人是高尚的人,体现了个人坚定的自觉性与主动性(图2-13)。

链接
刘少奇对"慎独"的解释

人只有"诚于中",才能"形于外"。刘少奇对"慎独"作了更通俗的解释:一个人独立工作,无人监督时,有做各种坏事的可能。做不做坏事,能否做到"慎独",以及坚持"慎独"所能达到的程度,是衡量人们是否坚持自我修身以及在修身中取得成绩大小的重要标尺。

作为职业道德行为养成的方法,"慎独"要求我们

中职生有坚定的职业道德信念,真心做对得起自己的职业者;"慎独"强调要在"隐"和"微"处下工夫,哪怕无人监督、无人知晓,我们都应该坚守职业道德规范,做具有高尚道德的人。

图2-13　书法:慎独

内省,即不断发现自身的不足并自我反省,及时改正。能够了解自己,已经是一个聪明的人,再能够促进道德进步,更臻完善,那就更令人赞赏。古人说"吾日三省吾身",通过每日多次地自我反省,认真思考自己行为的动机、效果和影响,从而修正自己的道德行为,这一过程也是需要勇气的。"闻过则喜,知过不讳,改过不惮",人非圣贤,孰能无过,不怕有过失,而怕不改过。如果能做到内省改过,是非常可贵的。

链接
小组活动"为同学'画像'"

6~8名同学组成一个活动小组,每个小组找出一名同学,组内其他同学一起为这位同学找出优点并真心赞美他,同时诚恳地指出他的缺点并激励他改正。(轮流再为其他同学"画像")请被画像的同学谈谈自己的感受。

活动目的:培养同学们自尊自爱的情感,激发发扬优点、改正缺点、自我完善的力量,学会全面、客观地认识自己,增强内省的动力。

善自省者明,善自律者强。"内省"要求我们能够在日常的学习、生活和工作中,时刻保持清醒的头脑,按照职业道德的基本规范和原则,进行自我改造和提高,做到善于认识自己,客观看待自己,严于解剖自己,敢于批评自己,增强自律自制能力,在深刻的自我反省中提升道德修养。

(五) 身体力行,在职业活动中强化

职业实践是职业道德修养的根本。职业活动的亲身体验能使职业道德行为的养成体现出潜移默化的效果,提高中职生的自觉意识。

职业劳动者以高度的职业责任感,认真履行自己的职业义务,受到肯定的评价并获得一定的职业荣誉时,就能获得良心的满足感,增强其职业道德行为养

成的自觉性。相反,当职业劳动者因违反职业道德规范而受到谴责,就会引起羞耻感,促使他改变认识,纠正行为,使之符合职业道德标准。只有在职业活动中,劳动者才能获得真实的道德体验,提高职业道德认识,培养职业道德情操,磨炼职业道德意志,树立职业道德信念,养成良好的职业道德行为习惯。

职业活动能够检验一个人职业道德修养的水平高低,在职业活动中我们要将职业道德的原则和知识内化为自己的信念,成为自己职业道德行为养成的精神支柱和持久动力,进而将这种信念外化为行动,指导当前和未来的职业道德行为,约束自身言行,自觉承担责任,提高综合素质,做一个言行一致的有职业道德的人。

考点提示:职业道德行为养成的途径和方法

冰冻三尺非一日之寒,滴水石穿非一日之功。锻炼自我,提升境界,养成职业道德行为习惯,秘诀就是努力和坚持,严于律己,自觉践行,这样才能成就道德,成就人生。

小　结

1. 明确道德的含义和内容,领悟道德对人生发展和社会和谐的作用及意义。

2. 了解公民道德基本规范及家庭美德、社会公德的主要内容。

3. 掌握职业道德的内容和作用,特别了解医护工作者的职业道德。

4. 以遵守道德为荣,以违背道德为耻,培养良好的职业道德意识与职业道德行为习惯。

目标检测

一、填空题

1. 道德作为一种行为规范,主要依靠（　　）、传统习惯来维系。

2. 道德具有（　　）、非强制性、（　　）、（　　）、广泛的社会性的特点。

3. 公民道德建设是为构建和谐社会提供强大的精神动力。2001年,中共中央印发了《公民道德建设实施纲要》,明确我国的公民基本道德规范:（　　）、明礼诚信、（　　）、勤俭自强、（　　）。

4. 在我国,男女平等不仅是一项家庭美德,还是一项（　　）,充分体现了社会主义制度的优越性。

5. 医德同其他职业道德一样,也在实践中不断得到充实、发展和完善,从而形成稳定的（　　）和行为习惯。

6. "团结"是指人们通过弘扬（　　）和团队精神,追求共同的（　　）,形成全民族、全社会的凝聚力。

7. 对于个人来讲,进行（　　）,能够展示自己的素质,实现自身价值,更是通往幸福的必经之路。

8. 医德贯穿着医护工作者的整个职业生涯,要求做到"通

天理、近人情、达国法",具有（　　）、严肃性、（　　）。

9. 古人认为,人生有"三不朽",即"（　　）、（　　）、（　　）",其中"（　　）"是首要的。

10. 内省,即不断发现自身的不足并（　　）,及时改正。人非圣贤,孰能无过,不怕有过失,而怕不改过。

二、单项选择题

1. 尊老爱幼是每个公民必须遵守的道德准则。尊老的基本要求是（　　）
   A. 资助　　　　　　　B. 赡养
   C. 陪伴　　　　　　　D. 照顾老人的生活

2. 职业道德是对本职人员在职业活动中行为的要求,同时又是职业对社会所负的道德责任与义务。下列哪种形式不属于职业道德规范（　　）
   A. 某单位人事科保密制度
   B. 某工厂工人职业道德守则
   C. 某医院护士的誓言承诺
   D. 某职工上交的年度工作计划

3. 下列哪种行为不符合爱岗敬业的要求（　　）
   A. 树立职业理想
   B. 不顾一切,首先抓住赚钱机遇
   C. 提高职业技能
   D. 强化职业责任

4. 下列对于诚实守信的认识正确的是（　　）
   A. 诚实守信与经济发展相矛盾
   B. 诚实守信要看具体情况而定
   C. 诚实守信以追求利益最大化为宗旨
   D. 诚实守信是市场经济应有的法则

5. 关于办事公道,下列说法不正确的是（　　）
   A. 办事公道强调公平公正,坚持原则
   B. 办事公道是个人品格和魅力的原则所在
   C. 办事公道会导致企业亏损
   D. 办事公道要求对不同对象也要一视同仁

6. （　　）是医德的核心。医务人员应当具有仁爱精神
   A. 爱心　　　　　　　B. 耐心
   C. 关心　　　　　　　D. 诚心

三、判断题

1. 良好的道德与构建和谐的人际关系是没有关联的,对人生的成功意义不大。（　　）

2. 爱幼即爱护晚辈,只需要照顾好儿童的生活起居即可。（　　）

3. 在家庭生活中,与精神消费相比,物质消费比较重要。（　　）

4. 实现男女平等,主要是取得行政领导的理解、支持和尊重。（　　）

5. 夫妻关系是家庭关系的核心,夫妻和睦是家庭幸福的重要前提和保证。（　　）

6. "人人为我,我为人人"是不可能实现的。（　　）

7. 职业道德行为最大的特点是强制性,良好的职业习惯主要是社会相关单位强制执行的结果。（　　）

8. 医护工作者最基本的道德义务就是一切为人民的健康

服务,最根本的宗旨也是为患者解除病痛,保障人民的健康。( )

9. "慎独"强调要在"隐"和"微"处下工夫,哪怕无人监督、无人知晓,我们都应该坚守职业道德规范。( )

10. 职业道德行为养成是自己的事情,与他人和社会无关。( )

四、简答题

1. 爱岗敬业要求我们做到"乐业、勤业、敬业",其具体内容是什么?

2. 医护工作者的职业道德包括哪些方面?

3. 对于中职生来说,职业道德行为养成有哪些有效途径?

五、材料分析题

立木为信与烽火戏诸侯

春秋战国时,商鞅在秦孝公支持下主持变法。当时战争频繁、人心惶惶。商鞅下令在都城南门外立一根3丈长的木头,并许诺:谁把这根木头搬到北门,赏金10两。人们都不相信。于是商鞅又将赏金提高到50两。终于有人将木头扛到了北门。商鞅立即赏了他50两。这一举动在百姓心中树立了威信。变法就很快在秦国推广开,秦国逐渐强盛并统一了中国。

同样,在商鞅"立木为信"的地方,早它400年以前,却发生了一场令人啼笑皆非的闹剧——周幽王有个宠妃,名叫褒姒。为博取褒姒一笑,周幽王下令在都城附近20多座烽火台上点起烽火——烽火是边关报警的信号,只有在外敌入侵需要救援的时候才能点燃。诸侯们见到烽火率兵赶到,发现居然是博人一笑的花招,愤然离去。褒姒看到诸侯们手足无措,开心一笑。5年后,西北犬戎大举攻周,周幽王紧急燃起烽火,但诸侯们不来了,幽王被逼自刎,褒姒也被俘虏。

结合本章内容,阅读上述事例。回答以下问题:

1. 商鞅"立木为信"和周幽王烽火戏诸侯为什么会有迥然不同的结果?

2. 什么是诚实守信?诚实守信有哪些要求?

3. 诚信对我们的成才和成长有什么重要意义?

(孙丽娟)

第3章 认识自身条件 促进职业生涯发展

第1节 培养职业兴趣 热爱医疗事业

> **案例 3-1**
>
> 达尔文从小喜欢玩虫子,一天他剥开一片树皮,发现两只稀有的甲虫,使用两只手各抓一只,之后却又发现第三只新甲虫,他舍不得放走,便把右手抓住的一只投进嘴里,甲虫分泌的极其辛辣的液体,把达尔文的舌头"辣"得发烫,正是这种对生物的痴迷,达尔文才写出了举世闻名的著作《物种起源》。
>
> **问题:**
>
> 是什么力量使达尔文宁可忍着辛辣,也不放弃甲虫?

一、职业兴趣的含义

(一)兴趣的含义

我们每个人都有自己的兴趣,例如,有的人爱看足球比赛,有的人喜欢音乐,有的人则迷上电脑。那么兴趣是什么?兴趣是一个人积极探索某种事物或力求从事某项活动的心理倾向,它与人的情感相联系。当一个人对足球有了兴趣,不仅是爱看足球比赛,而且在读报纸杂志或看电视节目时,对有关足球的报道和知识会给予优先的注意;对音乐有了兴趣,不仅是喜欢听、唱歌曲,而且关心有关音乐方面的书刊、信息,探索有关音乐方面的知识;对电脑产生兴趣,就会废寝忘食地去操作电脑而乐此不疲。可见,兴趣是引起和维持注意的一个重要内部因素,对感兴趣的事物,人们总是会主动愉快地探究它,认识过程或活动过程不再是一种负担。所以,兴趣是推动人们去寻求知识和从事某种活动的一种精神力量。

> **链接**
>
> **有关兴趣的名人名言**
>
> 古往今来人们开始探索,都应起源于对自然万物的惊异。——亚里士多德
>
> 学问必须合乎自己的兴趣,方才可以得益。——莎士比亚

> 我认为,对一切来说,只有热爱才是最好的教师,它远远超过责任感。——爱因斯坦
>
> 好奇的目光常常可以看到比他所希望看到的东西更多。——莱辛

(二)职业兴趣的含义

1. **职业兴趣的内涵** 职业兴趣是一个人积极探究某种职业或者从事某种职业活动所表现出来的特殊个性倾向,它使人对某种职业给予优先的注意,并具有向往的情感。例如,化学家诺贝尔冒着生命危险研制炸药;"杂交水稻之父"袁隆平风餐露宿,几十年如一日研究水稻高产方法;牛顿废寝忘食地做实验,还闹出了误以为自己吃过饭的笑话。这些都是科学家们所表现出的对自设职业的强烈兴趣。可见,职业兴趣表现为一个人对待工作的态度,工作的适应能力,拥有职业兴趣将增加个人的工作满意度、职业稳定性和职业成就感。当我们对自己所从事的职业感兴趣时,就会最大限度地发挥自己的潜力,全身心地投入到工作中并且从中获得快乐。所以,兴趣是事业成功的动力,我们在进行职业选择时,要充分考虑到自己的兴趣。

职业兴趣不同于日常生活中的兴趣爱好,它们所指的对象不同,兴趣的对象指向某种事物,职业兴趣的对象则指向某一职业。

> **链接**
>
> 区别兴趣与职业兴趣,指出下列哪一项属于职业兴趣。
>
> A. 王佳经常练习写钢笔字
>
> B. 赵敏喜欢体育明星
>
> C. 宋涛沉迷于集邮
>
> D. 马明业余时间当兼职记者,对新闻和记者的行动特别敏感

考点提示:职业兴趣的含义

2. **职业兴趣的形成**

(1)职业兴趣形成的过程:职业兴趣的形成和发展是一个不断从简单到复杂,从模糊到明确,从不完善到完善的过程,它经历了有趣、乐趣、兴趣三个阶段。

有趣是兴趣过程的第一阶段,也是兴趣发展的低级阶段。大多是由于一时的新奇,被表面现象所吸引而产生的兴趣,这种兴趣是短暂的、直观的甚至是盲目的。例如,今天看到歌星在舞台上表演很潇洒,于是就梦想自己成为一名歌手;明天看了甲A足球联赛,又萌发了当一名职业足球运动员的想法。这种兴趣来得快,消失得也快,往往一瞬即逝,易起易落,不能用于职业规划。

第二阶段为乐趣,乐趣又称为爱好。它是在有趣的基础上定向发展形成的,是兴趣发展的中级阶段。在这一阶段或水平上,人们的兴趣会向专一的、深入的方向发展。有了乐趣,才可以列入职业规划的范围。

链接

有趣的罗盘

1936年5月的一天,已成为世界著名物理学家的爱因斯坦写给友人一封信。信中这样说:"每个人的生活中都会出现一些能够决定他思想和行动的外部事件……至于我,记得小时候,父亲给我一只小罗盘,我对它发生了极大的兴趣,它在我的一生中起了很大作用。"爱因斯坦经常谈到他看到罗盘时的惊奇心情,是它引起了他对科学的兴趣,引导他走上致力于科学研究的道路,最终成为蜚声全球的大科学家。

第三阶段为兴趣。是由乐趣经过实践的锻炼发展而来的,与人的职业理想和坚定信念相联系,是职业兴趣的高级阶段。这种高尚的兴趣具有社会性、自觉性和方向性的特点,它可以伴随人的整个职业生涯。

案例3-2

鲁迅先生从小认真学习。少年时,在江南水师学堂读书,第一学期成绩优异,学校奖给他一枚金质奖章。他立即拿到南京鼓楼街头卖掉,然后买了几本书,又买了一串红辣椒。每当晚上寒冷时,夜读难耐,他便摘下一个辣椒,放在嘴里嚼着,直辣得额头冒汗,他就用这种办法驱寒坚持读书。正是由于心怀拯救社会的远大抱负和对文学的热爱与执着追求,鲁迅先生后来终于成为我国著名的文学家。

问题:

1. 鲁迅为什么能成为我国著名的文学家?

2. 你认为是什么力量驱使鲁迅在寒夜刻苦攻读呢?

(2)影响职业兴趣形成的因素:职业兴趣的形成受遗传的影响,但主要是后天环境决定的。人出生后,随着年龄的增长,受家庭和社会环境的影响自我意识不断完善,分析和判断能力不断提高,在探索和实践中逐渐形成了一定的职业认知,进而对某些职业

的兴趣变得明朗、坚定起来并最终发展为兴趣。

链接

乌茨伯格的职业选择三阶段理论

著名的职业选择理论家乌茨伯格将职业选择划分为三个阶段;一是空想阶段,一般指11岁以前,这时对将来从事什么职业的考虑不受个人能力及能否实现所限制,没有真正的职业兴趣,诸如到太空遨游、当警察抓坏人等;二是尝试阶段,即11~17岁,这个时期职业的选择主要受个人兴趣和价值观的影响;三是现实阶段,即17岁至成年,这时能将主、客观因素一起考虑。一般认为在初中,即14岁左右,人具有了职业兴趣,并逐渐趋于稳定。

1)家庭、学校和社会是影响个人职业兴趣形成的外因。首先,家庭作为最基本的社会单元,对每个人的心理发展都产生重要的影响,家庭环境的熏陶对个人职业兴趣的形成具有十分明显的导向作用。大多数人从幼年起就在家庭的环境中感受其父母的职业活动,随着年龄的增长,逐步形成自己对职业价值的认识,使得个人在选择职业时,不可避免地带有家庭教育的印迹。家庭教育的环境和家长的职业特点都会潜移默化地影响孩子职业兴趣的形成和发展。

案例3-3

奥地利作曲家、"圆舞曲之王"施特劳斯出生时,他的父亲已是全国闻名的音乐家了。家庭环境的影响使小施特劳斯很早就显露了音乐才华,7岁那年,他便创作出第一首圆舞曲,19岁当上乐队指挥。由于施特劳斯把华尔兹这种原本只属于农民的舞曲形式提升为了哈布斯堡宫廷中的一项高尚的娱乐形式,他被誉为"圆舞曲之王"。他一生创作了400多首圆舞曲,其中《蓝色多瑙河》是施特劳斯最负盛名的曲目之一,这些舞曲风靡全国,传遍世界,为19世纪维也纳圆舞曲的流行作出了巨大的贡献。

其次,学校教育、社会环境同样是影响个人职业兴趣形成必不可少的因素。个人自身接受教育的程度影响着其职业兴趣的形成。任何一种社会职业从客观上对从业人员都有知识与技能等方面的要求,而个人知识与技能水平的高低在很大程度上取决于其受教育的程度。一般意义上,个人学历层次越高,接受职业培训范围越广,其职业取向领域就越宽。另外,社会舆论对个人职业兴趣的影响也是不可忽视的,主要体现在政府政策导向、传统文化、社会时尚等方面。政府就业政策的宣传是主导的影响因素;传统的就业观念和就业模式也往往制约个人的职业选择;而社会时尚职业则始终是个人特别是青年人追求的目标。

2)职业认知是促进职业兴趣的形成和发展的内

因:职场是个大舞台,不同的职业人演绎着不同的社会角色,所以各行各业对于从业人员的素质要求和技能标准也不尽相同。中职生只有对自己未来从事的职业有切实深入的认识,了解所学专业相应工作的性质、内容、职业环境和岗位要求,才能激发其对职业规划的向往,从而饶有兴趣地去探索自己将要从事的职业领域,进而在职业兴趣的引导下成为一名理智的自我职业生涯的设计者和决策者。

链接

职业认知的方法

(1)查阅:选定典型职业,对其入门所需的基本条件如学历、资格证书、身体条件等进行查阅。

(2)参观:到相关职业现场了解职业相应工作的性质、内容,职业环境及氛围,获得实实在在的职业感受。

(3)访谈:通过和相关的从业人员特别是成功的人士的交流,了解相关职业的知识、技能需求、待遇和发展前景。

(4)讨论:与别人一起讨论感兴趣的职业问题,共享职业探索成果。

(5)实习:到职业场所实习、实践可以更深入、更真实地了解工作的程序、报酬、奖罚、管理及升迁发展的各种信息,还可以通过与工作人员的实地接触,感受职业对人的影响。

案例 3-4

同学们知道闻名世界的比尔·盖茨是怎样开始经营微软公司的吗?比尔·盖茨出生于1955年10月,父亲是一名律师,母亲曾任中学教师。1973年,比尔·盖茨入哈佛大学学习法律。大学二年级以后,他一半的时间在校园里度过,另一半的时间则研究软件、谈生意。1977年1月,盖茨决定离开哈佛一心经营微软公司。在他的父母看来,19岁的儿子所做的一切无异于学业上的自杀,对于盖茨在获得学位证书之前离开大学他们坚决反对,因为他们无法预知经营软件公司的可行性。而盖茨却认为个人计算机很有发展前途,但因软件方面缺乏统一标准和普及的操作系统,大大影响了个人计算机的推广,因此经营计算机软件市场前景非常广阔,必须抓住这个绝好的机会。正是对计算机软件发展前景的认识和判断,使得他开发计算机软件的兴趣远远大于在大学里学习法律的兴趣。在盖茨的领导下,微软持续地发展改进软件技术,使软件更加易用,更省钱和更富于乐趣。盖茨的远见卓识以及他的先见之明也成为微软和软件产业取得辉煌成功的关键。

3)专业学习和社会实践是职业兴趣形成和发展的动力:职业中职生正处于职业兴趣的探索阶段,专业知识和专业技能的学习可以让我们了解未来的相

关职业,发现并培养职业兴趣。另外,对于那些对自己所学专业不感兴趣的同学而言,广泛接触基层,深入社区的经历和生动可感的职场生活都会让他们对未来从事的职业有更切实深入的感悟,这对于其职业兴趣的培养和调试无疑会起到积极的推动作用。

考点提示:影响职业兴趣形成的因素

二、职业兴趣的作用

兴趣是职业选择的重要依据,职业兴趣在职业活动中起着举足轻重的作用。只要不断培养自己的职业兴趣,就能在从事这一职业的活动的过程中提高效率并获得更多的愉悦。

(一)职业兴趣影响职业的定向和选择

人的早期兴趣对其未来的职业活动起着准备作用,许多人的日后职业选择正是其早期兴趣影响的结果。职业兴趣不仅使人对某种职业具有向往的情感,而且对人的行为产生定向作用,使人据此去选择某种职业,并以从事这种职业为快乐。在求职的过程中,人们常常以是否对某工作有兴趣为参考条件之一。一旦对某职业有浓厚的兴趣,人们就会坚定地追求这一职业并尽心尽力地工作。

案例 3-5

英国著名女人类学家古道尔从小就喜欢生物。她中学毕业后没有选择继续读书或就业,研究猩猩的强烈兴趣促使她只身进入热带森林,对黑猩猩进行了长期深入的观察和研究。她写成了《人类的近亲》、《我在黑猩猩中的生活》等著作,成为著名人类学家。正如古道尔的经历一样,许多人的早期兴趣对其未来的职业活动起着准备作用,研究也表明,职业兴趣影响职业的定向和选择。

链接

有关职业兴趣的调查

20～50岁的380位被调查者的部分内容及结果如下。

调查问题	调查结果
1.你对目前所从事的职业感兴趣吗?	64%以上
2.你是因感兴趣而选择目前的职业吗?	青年从业者占80% 中老年从业者占30%
3.如果你对目前所从事的职业感兴趣,那么在有更优越条件的职业供你选择时,你会放弃目前所从事的职业吗?	青年从业者占83.3% 中年从业者占23.3%

	续表
调查问题	调查结果
4. 如果你对目前所从事的职业没有兴趣,你会考虑放弃,再去选择有兴趣的职业吗?	青年从业者占85% 中年从业者占35% 老年从业者占2%
5. 你认为你所从事的职业取得成功与否,兴趣是重要因素吗?	92%的从业者回答是肯定的
6. 如果你正在选择职业,你会第一因素考虑是否感兴趣的问题吗?	青年从业者占93.3% 中老年从业者占26%
7. 你对感兴趣的工作,是否会热爱、关注、追求,为之尽心竭力?	98%的从业者回答是肯定的

提问:请同学们谈谈以上调查结果说明了什么问题?

(二)职业兴趣促进智力开发和潜能的挖掘

在职业活动中,兴趣能发挥个体的主动性和创造性,开发个体的潜能,使个体取得新的发现、新的成果,在职场中有出色表现。一个人如果对某种职业感兴趣,他在学习和工作中就能全神贯注、积极热情并富有创造性地完成工作,这样必然能促进智力的开发、潜能的挖掘。

(三)职业兴趣能提高工作效率

兴趣还可以使人更快地熟悉并适应职业环境和职业角色,增强人的职业适应性和稳定性(表3-1)。如果试着将自己的兴趣爱好与所从事的工作结合起来,真心热爱自己所从事的职业,那么你就会感受到工作所带来的快乐,快乐地工作才是提高工作效率的有效途径。

表3-1 兴趣与工作效率

兴趣	才能发挥程度	工作状态
有	80%～90%	长时间、高效率
无	20%～30%	易疲劳与厌倦

案例3-6

爱迪生小时候是个未进过学校的报童,后来他的发现使美国的工业革命完全改观。他几乎每天都在实验室里辛苦工作18个小时,在那里吃饭、睡觉,但他丝毫不以为苦。兴趣推动着爱迪生一生获得了1300多项发明,兴趣提高了他发明工作的效率。

考点提示:职业兴趣的作用

三、职业兴趣的类型

职业兴趣是职业选择中最重要的因素,不同职业

需要不同的职业兴趣。由于各种职业的工作性质、社会责任的不同,职业兴趣也不尽相同。对职业兴趣以及相对应的职业类型划分的研究由来已久,其中影响最大的要属美国心理学家、职业指导专家霍兰德的相关理论。霍兰德把职业兴趣分为六种类型,分别为:现实型、研究型、艺术型、社会型、企业型和常规型(表3-2)。

表3-2 霍兰德六种职业兴趣类型

职业兴趣类型	共同特征	典型职业
现实型	①愿意使用工具从事操作性工作 ②动手能力强,做事手脚灵活,动作协调 ③不善言辞,缺乏社交能力,通常喜欢独立做事	计算机硬件人员、摄影师、制图员、机械装配工、木匠、厨师、技工、修理工、农民
研究型	①抽象思维能力强,求知欲强,肯动脑、善思考,不愿动手 ②喜欢独立的和富有创造性的工作 ③知识渊博,有学识才能,不善于领导他人	科学研究人员、教师、工程师、电脑编程人员、医生、系统分析员
艺术型	①有创造力,渴望表现自己的个性,实现自身的价值 ②做事理想化,追求完美,不重实际 ③具有一定的艺术才能和个性	演员、导演、艺术设计师、雕刻家、建筑师、摄影家、广告制作人、歌唱家、作曲家、乐队指挥、小说家、诗人、剧作家
社会型	①喜欢从事为他人服务和教育他人的工作 ②关心社会问题、渴望发挥自己的社会作用 ③寻求广泛的人际关系,比较看重社会义务和社会道德	教师、教育行政人员、咨询人员、公关人员、律师、咨询人员、科技推广人员、医生、护士
企业型	①追求权力、权威和物质财富,具有领导才能 ②喜欢竞争、敢冒风险、有野心和抱负 ③为人务实,做事有较强的目的性	项目经理、销售人员、营销管理人员、政府官员、企业领导、法官、律师
常规型	①喜欢按计划办事,习惯接受他人的指挥和领导,自己不谋求领导职务 ②喜欢关注实际和细节情况,通常较为谨慎和保守,缺乏创造性 ③不喜欢冒险和竞争,富有自我牺牲精神	邮件分类、档案管理、打字、统计、秘书、记事员、会计、行政助理、图书馆管理员、出纳员、打字员、投资分析员

在职业兴趣测试的帮助下,个体可以清晰地了解

自己的职业兴趣类型和在职业选择中的主观倾向,从而在纷繁的职业机会中找寻到最适合自己的职业,避免职业选择中的盲目行为。尤其是对于刚毕业的学生和缺乏职业经验的人,霍兰德的职业兴趣理论可以帮助做好职业选择和职业设计,成功地进行职业调整,从整体上认识和发展自己的职业能力。

职业兴趣类型没有好坏之分,每种类型都有适合自己类型特点的工作环境,每种类型也都有自己的特点和不足。我们需要做到的是了解自己的兴趣特点,扬长补短。

现实生活中,我们可以凭兴趣寻找自己喜欢的职业,但由于种种客观因素,许多时候兴趣和职业不相匹配,怎么办呢? 职业与个人的兴趣不相吻合也不要紧,因为兴趣不是固定不变的,它可以在专业学习和社会实践活动中通过自己的主观努力去调适培养。

四、从所学医学专业出发培养职业兴趣

我们要想在将来纷繁复杂的择业竞争中找到自己的位置,并取得成功,从现在开始就应该立足专业、放眼未来、主动适应社会,自觉培养自己的职业兴趣。

(一) 不同的职业需要不同的职业兴趣

不同的职业需要不同的职业兴趣,各种职业的工作性质、社会责任、工作内容、工作方式、服务对象和服务手段不同,对从业者兴趣也存在着不同的要求。

> **链接**
> **两个职业的录像片段,对比分析**
> (1)动物管理员的工作片段:动物管理员正用嘴叼着血淋淋的肉喂食小狼,并有意识地与它们厮打,培养其野性。
> (2)医生的工作片段:医生正在为患者做仔细的检查,诊断。
> 提问:动物管理员与医生的职业对从业者兴趣的要求一样吗? 分别是什么要求? 为什么不同?

(二) 从所学医学专业出发培养职业兴趣

1. 从所学医学专业出发培养职业兴趣的意义　医学生对所学专业工作的理解和热爱不仅影响其工作积极性和工作效率,更影响到未来良好医患关系的建立。所以,在校医学生能够通过了解所学专业,感悟职业乐趣对其日后提高工作效率、改善医患关系有着重要意义。

2. 医学生怎样从专业出发培养职业兴趣　职业兴趣每一个专业都面临着庞大的职业群,作为一名医学生,只有了解自己所学专业对从业者职业兴趣的要

求,才能在与自身比较的基础上找出优势、找出差距、定出措施,有计划地去培养自己的职业兴趣。那么,面对医学事业的发展变化,医学生应该怎样去培养和调试自己的职业兴趣呢?

(1) 收集医药职业信息,探索职业乐趣:当一个人选择了陌生的领域来开展自己的职业活动,那么对于该领域、该专业的信息收集就成为他必不可少的一门功课。因为只有更真切地了解到自己从业领域的实际情况,才可能培养起探索未来职业的好奇心、信心和激情。同时,全面、系统地了解所学医学专业的就业形势、就业制度和执业资格制度等职业信息,这已经成为在校医学生科学进行职业生涯规划的重要前提。

> **链接**
> **护士执业准入制度**
> 凡具有国家承认的中专以上护理(或助产)专业学历,通过全国护理专业初级(士)资格考试成绩合格,并拟受聘于医疗卫生机构从事护理专业技术工作者,可向批准该机构执业的卫生行政部门或执业所在地县级以上卫生行政部门申领《护士执业证书》及进行护士执业注册。
> 注册护士必须经过聘用医疗卫生机构岗前培训,考核合格后,方可上岗,在受聘医疗卫生机构从事护理专业技术工作,包括基础护理工作和专科护理工作。

(2) 学好医学专业课程,激发职业兴趣:中职医学生正处于职业兴趣的探索阶段,医学知识和医疗技能的学习可以让同学们对医疗卫生事业本身有深刻的认识和了解,发现并培养职业兴趣。这其中积极参加医疗实践活动,在学习、实训和实践中加强锻炼是至关重要的。当一个人体验到职业的乐趣,他才能在实际工作中努力发挥主动性和创造力,从而不断取得新成绩,增强成就感。这种成功的体验将会成为激发职业兴趣新的动力和能量。

> **链接**
> **一名实习生的实习日记片段**
> 医院所有的医护人员都要严格遵守各项规章制度。按时交接班并在 8 点正式上班前提前 15 分钟上岗。交班完毕,各负责人员即随主任或上级医师查房,了解病人情况,聆听病人主诉,对病人进行必要检查。在言语方面,必须亲和友善,不能命令不能冷淡,要与病人及其家属如亲人一般耐心询问。查房完毕,每个医师根据自己病人的当天情况写病历和医治方案。在几天的观察中,对于医护方面的常识我了解了不少,掌握了测量血压的要领;输液换液的基本要领;抽血的要领;病历的写法等。

(3) 加强医药职业认识,培养广泛而有中心的职

业兴趣:在所学专业对应的职业群中,有的同学对许多职业都有兴趣,有的同学却找不到自己感兴趣的职业。为什么会这样?主要是由于我们对于这些职业还不够了解。现代社会要求人的职业应该是广泛兴趣与中心兴趣相结合。因为广泛的职业兴趣能减少人们在职业选择上受到的限制,在职业有变动时也能较快地适应新的职业。但要切忌被动多变,过去的兴趣不断由新兴趣代替,这样将一事无成。随着对医药职业认识的深入,同学们对某项职业的中心兴趣会逐渐形成,进而对从事这一职业十分向往,并希望体验到快乐,这就形成了比较稳定的中心兴趣。中心兴趣能使人专注于自己的本职工作,在深入研究的基础上,容易有所发展或成就一番事业。

链接

中心兴趣

稳定的兴趣是指对某种活动具有持久的喜爱,不因某种活动的结束而消失。稳定的兴趣使人具有高度的自觉性和积极性。稳定的兴趣常常会逐渐发展为人的中心兴趣。

古希腊有一句格言:"人类的一切东西对我都不是陌生的。"马克思在给女儿的一封信中就引用过这句话。由此,我们可以看出马克思十分重视广泛兴趣的培养和知识的积累,但这些广泛的兴趣中,为全人类的解放事业而奋斗始终是他的中心兴趣。

我国现代史学家戴逸,小时候因看历史连环画而对历史产生了兴趣,到了中学,他在抓紧完成繁重的数理化学习任务后,挤出大量时间浏览历史书籍,渐渐养成了对历史的浓厚而持久的兴趣。尽管后来他在不得已的情况下考了上海交通大学,但始终没有淡化对历史的爱好。后来有一个机会,他毅然放弃了理科学业,报考了北京大学历史系,毕业后在历史研究领域作出了突出成就。

(4)了解医学界成功人士,体验职业情感:有强烈职业情感的人,能够从内心产生一种对自己所从事职业的需求意识和深刻理解,因而无限热爱自己的职业和岗位。医学领域模范人物的人生经历将会让同学们体会到老前辈们对医疗事业的满腔热忱、执着追求和强烈的职业责任意识,可以帮助医学生更深刻地从社会意义和性质上去认识职业,培养起积极的职业情感。

链接

马斯洛"需要层次论"

根据美国著名心理学家马斯洛"需要层次论",可以将职业情感分为三种层次:

第一层次是职业认同感,一种职业只有提供了最基本的工资待遇、生活福利等生存保障资源,这种职业才能被人们所接受,人们才会从情感上去认同它、接纳

它。这是最基本的职业情感,它决定着更高层次职业情感的养成。

第二层次是职业荣誉感,一种职业只有被社会大众所称道,并形成良好的职业舆论与环境氛围,作为从事这种职业的个体才会感到无比的荣耀,才会从情感上产生对这种职业的归属感和荣誉感。

第三层次是职业敬业感,如果我们仅把职业作为谋生的手段,我们可能就不会去重视它、热爱它,而当我们把它视作深化、拓宽自身阅历的途径,才能时刻保持昂扬的精神状态,才能最大限度地发挥个体潜能,使自己的职业生涯更加完善,这是最高层次上的职业情感。

考点提示:医学生应该怎样从所学专业出发培养职业兴趣

第2节　塑造职业性格　积极服务社会

不同的职业对从业者的性格要求也不同,有的职业要求从业人员偏向于内向型性格,有的职业要求从业人员偏向于外向型性格。那么,怎样才能让个性为我们的职业发展服务呢?这就要求我们在选择职业时充分考虑自身的性格因素。心理学家告诉我们,根据性格选择职业,能使自己的行为方式与职业工作相吻合,从而更积极主动地发挥聪明才智,高效率地完成本职工作。

一、职业性格的含义

(一)性格的含义

性格是一个人对客观事物的稳定态度以及与之相适应的习惯化的行为方式,是人的稳定的个性心理特征。可见,性格影响人们的生活态度和行为方式,它不仅表现在人们"做什么",而且也表现在人们"怎么做"。

性格因人而异。有的人开朗、活泼、热情;有的人则深沉、内向、多思。每一个人都具备这样或那样的一些性格特征,一个人的性格就是由各种特征组成的有机统一体。

性格并无好坏之分,不同的性格有各自的优势,又有各自的不足。人们常说"性格决定命运",大千世界芸芸众生,性格差异正是导致每个人具有不同命运的原因之一。只有掌握自己性格中的优点和缺点,才能在人生道路上扬长避短、走向成功。

(二) 职业性格的含义

职业性格是指人们在长期特定的职业生活中所形成的与职业相联系的、稳定的心理特征。

能适应职业要求的人,谋求职业岗位的机会就多,工作起来就会得心应手、心情舒畅,容易取得成功。如果性格与职业不相适应,就会阻碍工作的顺利进展,让从业者感到倦怠,缺乏兴趣,力不从心。所以,要做好本职工作,就要尽可能使自己的性格符合职业要求。在现今的职场中,因性格与职业的选择发生错位而导致职业的失败,已逐渐成为职场人士面临的严峻问题。因此,我们只有在生活、学习、实践以及未来的工作中不断调试和完善自己的性格,才能使自己成为一个合格的职业人。

案例 3-7

著名数学家陈景润1953年厦门大学数学系毕业后被分配到了北京的一所普通中学担任教师。由于口头表达能力、教学组织能力较差,教学很不受学生欢迎。厦门大学校长、著名经济学家王亚南教授得知他的困境后,破例把他从北京的中学调到厦门大学图书馆工作,除整理图书资料外,还让他为数学系学生批改作业。尽管时间紧张、工作繁忙,陈景润依然在数学领域坚持不懈地钻研。1957年他被调到中国科学研究所工作。"文化大革命"期间,在极其困难的条件下,陈景润在一间6平方米的小屋里,用"一张纸"和"一支笔",最终证明了哥德巴赫猜想中的1+2命题,摘取了数学王国的桂冠,成为了世界著名的数学家。

考点提示:职业性格的含义

二、职业性格的类型

就人的职业性格而言,不能仅仅以内向或外向来划分。事实上,大多数的人,并不只是单独具有某一种职业性格,而是兼有多种职业性格。同样,某一职业要求从业者具有的性格类型也不仅仅就是其中单纯的一种。根据职业与性格的关系,研究人员将职业性格分为九种基本类型。

(一) 变化型

能够在新的或意外的工作情境中感到愉快,喜欢变化性的工作,能够适应多样化的工作环境,善于转移注意力。

(二) 重复型

喜欢连续不断地从事同样的工作,喜欢按照别人安排好的工作计划或进度办事,喜欢重复的、有规律的、有标准的职业。

(三) 服从型

喜欢配合别人或按照别人的指示去办事,不愿意自己独立作出决策,不喜欢承担责任。

(四) 独立型

喜欢计划自己的活动并指导别人的活动,喜欢对将要发生的事情作出决定,在独立的或负有责任的工作中感到愉快。

(五) 协作型

在与人协同工作的过程中感到愉快,善于引导别人按客观规律办事,希望自己能得到同事们的喜欢。

(六) 劝服型

善于说服他人,对别人的反应具有较强的判断能力,并善于影响他人的态度、观点和判断。

(七) 机智型

在紧张和危险的情况下能很好地执行任务,在意外的情况下,能够自我控制、镇定自若,出色地完成任务。

(八) 自我表现型

喜欢表现自己,通过自己的工作和情感来表达自己的思想。

(九) 严谨型

在工作过程中注重细节的精确,能够严格按要求、有步骤地开展工作,追求尽善尽美。

三、职业对从业者性格的要求

案例 3-8

一位同学性格外向、开朗、自信,能歌善舞。她喜欢与人交往,非常健谈。高中毕业后,这位同学考入了某公安大学,学习保密专业。了解这位同学的人都认为她不适合做保密工作,选择这个专业是走错了门。然而,毕业后的她变得矜持稳健、严谨自重,不再轻易表现自己,很快就胜任了国家安全机关的工作。

（一）不同职业需要不同的性格

职业性格是在特定的职业实践活动中形成和培养起来的,具有稳定性。人长期从事某种特定职业,社会要求他反复扮演某种角色,以适应自己的职业活动,从而发展为不同的职业性格。职业心理学家研究表明,性格影响着一个人对职业的适应性,不同的职业对从业者的性格有不同的要求,不同的性格要选择不同的职业或岗位。例如,让一个见人就脸红,说话就紧张的人去做营销,业绩肯定不理想;让一个性格怯懦、柔弱的人去做安全保卫工作,其结果一定很糟糕。再如,作为医生,要有救死扶伤的人道主义品质,精益求精、一丝不苟的工作态度;工程技术人员要有创新精神和刻苦耐劳的品质;管理干部要有宽广的胸怀,能用人之长、容人之过,要关心下属。

链接

性格影响职业的选择和发展

性格影响职业发展不是空穴来风,不妨看一看历史上那些灿若繁星的著名人物。想象力丰富的人富有创造力,擅于将波澜壮阔的情感加以升华,移情于艺术当中,因而产生了无数传世佳作,比如音乐家肖邦。我国著名翻译家傅雷则是对什么事物都很敏感,思考问题很透彻,他性格孤僻,喜欢独处,所以选择了闭门译书为职业。

（二）职业性格的形成和调试培养

"播种性格,收获命运"这句谚语说的是性格影响人生,而职业性格影响职业的成败,每一个职业成功的人,都达到了职业性格与职业要求的相适应。但是,许多人的性格一开始并不是一定完全适应职业的要求。正如外科医生应该具有沉着冷静的性格特征,但并不是所有学习外科的人一开始都具有这样的性格特征,那么,他们是怎样适应工作需要的呢?这就要求自己有目的、有意识地调试,逐渐使原有不适应职业要求的性格特征,如冲动、急躁、粗心等得到改变或调试,最终达到与职业要求相适应。俄国教育家乌申斯基认为,人的自我修养、自我教育是性格形成的基本条件之一;我国古人也主张"吾日三省吾身"。可以说,没有自我的严格要求,就没有性格的培养和调试。

我们可以从生活、学习、工作、对人对己的思想行为方面通过自我分析、自我评价、自我监督、自我誓约等方式来自我要求、自我教育。例如,语言粗野的同学,要自觉净化自己的日常用语;行为粗暴的同学要自觉培养自己的文明举止;爱发脾气的同学,要提醒自己要"制怒";行为散漫的同学,要处处记住纪律的要求……通过严格要求自己,最终提高自己的职业素质,养成良好的职业性格。

链接

富兰克林的自我反省

美国科学家富兰克林在年轻时就下决心,要"客服一切坏的自然倾向、习惯或伙伴的吸引"。为此,他给自己制订了一项包括13个项目的性格修养计划,即节制、静默、守纪律、果断、俭约、勤勉、真诚、公平、稳健、整洁、宁静、坚贞和谦逊。为了监督自己逐条执行,它将这些内容记录在小本子上,画出七行空格,每晚自我反省一番。如果日间犯了某一种过失,就在相应的空格上记下一个黑点。他希望通过长年累月的自我反省,自我要求,能够完全消灭那些黑点。后来,他终于实现了自己的目标。

四、医学生职业性格培养的内容和方法

（一）医学生职业性格培养的内容

1. 稳定的职业心理　稳定的职业心理是指具有较强的职业自尊和职业竞争心理,能够正确对待职业过程中的困难和挫折,能够不断促进自身在职业中的健康发展。稳定的医学职业心理就是对医学工作有着执着的追求和热爱,能够满腔热情地对待患者、对待同事,能够以平和的心态对待工作中的各种苦难,能够冷静地分析工作中的得与失,能够不断克服自己的不足,促进人格的完善和医疗技术水平的提高。

2. 正确的职业观念　职业观念是人们对职业活动的认识、看法和观点,是一个人的世界观和人生观、价值观在职业生涯中的反映。正确的医学职业观念是医学职业性格的核心,它对学生的发展起着重要的导向作用,有利于学生树立正确的职业价值观和良好的医学职业道德。当代医学生只有在正确的职业观念的引导下,才能坚定专业思想,在工作中严于律己、精益求精,全心全意地去为患者服务,从而促进医疗卫生事业的发展。

3. 良好的职业性格　随着现代医学的发展,在具体的临床工作中,医务人员每天接触各种患者,医生不仅要治疗患者身体上的疾病,同时也要治愈其心灵上的疾病。所以,作为未来的医务工作者,不仅要有精湛的医护技术,还要有对待患者的爱心、关心和耐心;要有救死扶伤的人道主义品质;要有精益求精、一丝不苟的工作态度和高度的责任感。在校期间医学生就应该注重职业性格的培养,将"职业的敏感性、沉着的应急心理、救死扶伤的精神"转化为自觉的行为,这样才能在今后的医疗工作中得心应手,救患者于危难。

影响良好职业性格养成的主要障碍

①不能认识不良性格对生活的影响；②没有明确的行动目标；③缺乏改变性格的信心；④顺从与习惯势力的影响；⑤缺乏坚定的意志。

考点提示：医学生职业性格培养的内容

(二)医学生职业性格培养的方法

1. 培养良好的职业习惯，塑造职业性格 性格是比较稳定的心理特征，需要一个较长的培养过程，医学生只有立足所学专业，以所学专业对应的职业群对从业者的要求为目标，制定措施，培养良好的习惯，逐步提高自身素质，最终才能使自己的性格符合职业要求。

医学生要充分认识到在校期间的实验、实训并不仅仅是医学技能的培养过程，更是职业性格养成的必经之路。在实践操作过程中，面对突发事件我们需要的是高度的职业敏感性，更需要沉着冷静的态度。同时，要将同情心、关爱之心的培养渗透到实验技能的培养过程中，使我们在具备医学技能的同时也充满爱心，怀有对临床工作的热爱、对伤痛患者的关怀。良好的职业习惯是塑造成功职业性格的基础，成功的职业性格是胜任临床岗位、成为合格医学人才的关键。

链接
培养职业的敏感性和同情心

情形一：实验课上，面对小兔子突然心率加快，呼吸急促的现象有些同学表现冷淡、不以为然；有些同学则缺乏细心观察，没有引起足够的重视，结果因为抢救不及时，小兔子因心力衰竭而死亡。

情形二：实验过程中，因为麻醉量计量小，动物阵阵尖叫、四肢乱蹬，一旁的同学指点说笑、不以为然。同情心缺乏是临床实际工作中的隐患，作为一个医务工作者，同情心是最基本的素质。如果连同情心都不具备，何以承担起救死扶伤的神圣职责呢！

这些情况如果发生在临床实践工作中，将是关乎生命的大事，必须引起我们足够的重视。

2. 积累知识，优化职业性格 我们在校学习期间，应该加强专业学习和训练，不断提高自身的专业技能，强化动手能力，以适应岗位的要求。在专业知识的积累和专业技能的训练中培养自己的敬业意识、责任意识和诚信意识，优化职业性格。

3. 从小事做起，完善职业性格 古人云："千里之行，始于足下。"把每一件简单的事做好就是不简单；把每一件平凡的事做好就是不平凡。从小事做起，就是要立足本职，认真做好自身所在岗位的每一件具体的工作。不断完善自己的职业性格就是要从小事做起，从点滴做起，在具体的工作中，积极的性格，诸如认真、勤奋、乐观、谦逊和热情无疑能使人更具爱心和进取心，更具魅力和竞争力；反之，如果一个人一味自恃才高而好高骛远，以懒惰、阴郁、自私、狂妄的消极性格对待工作，在本职岗位上缺乏工作的积极性，那么成功也会离他越来越远。

从小事做起，还要注重细节。那么，细节到底是什么呢？细节的实质是一种做事的态度，就是要勤于思考，主动从细微之处找到做事的方法。看不到细节，或者不把细节当回事的人，对工作缺乏认真的态度，对事情只能是敷衍了事。这种人无法把工作当作一种乐趣，而只是当作一种不得不受的苦役，因而在工作中缺乏工作热情。他们只能永远做别人分配给他们做的工作，甚至即便这样也不能把事情做好。而考虑到细节、注重细节的人，不仅认真对待工作，将小事做细，而且注重在做事的细节中找到机会，从而使自己走上成功之路。

考点提示：医学生职业性格培养的方法

第3节 培养职业能力 提升职场竞争力

个人能力是否符合职业要求，直接影响其职业生涯的发展。因此，了解自己的能力倾向及不同职业对从业者能力的要求对我们合理进行职业选择具有重大意义。人的能力是有差异的，人与人之间在能力的类型、发展水平、发展速度方面也是有区别的，能力不同的人适合从事的岗位和职业也就各不相同。

一、能力的含义和分类

能力是指人们顺利完成某种活动所必须具备的个性心理特征，是人的素质的集中和综合的表现，直接影响人们的活动效率。能力有一般能力和特殊能力之分。一般能力是人们顺利完成各种活动都必须具备的一些基本能力，通常又称为智力，包括注意力、观察力、记忆力、思维能力和想象能力等；特殊能力是指从事某项专业活动的能力，也称为特长，如计算能力、写作能力、语言表达能力、管理能力等。特殊能力在职业活动中体现为职业能力。

链接
一般能力与特殊能力

人要进行某种活动，必须既具有一般能力，又具有与某种活动有关的特殊能力。在活动中，一般能力和特殊能力的关系是辩证统一的。一方面，一般能力在某种活动中的特殊发展，就有可能成为特殊能力。例如,观察力是一般能力,但在农业技术工作中,除了需要一般观察外,还需要区别各种作物的形态、结构的细节,察看作物个体的生长、发育、繁殖的特征的敏锐观察能力,这就是对农作物的一种特殊的观察力。另一方面,特殊能力得到发展的同时也发展了一般能力。因为农技师在培育作物过程中的精细观察能力,有可能迁移到其他活动领域,表现出他的精细观察的特点。所以,在各种专业化的活动领域,一方面发展着各种特殊的能力,同时也能发展一般能力。

考点提示:能力的含义和分类

二、职业能力的含义和构成

(一) 职业能力的含义

职业能力是人们从事职业活动所必需的能力,直接影响活动的效率,是使职业活动得以顺利完成的个性心理特征。职业能力是就业的基本条件,是胜任职业岗位工作的基本要求,是个人取得社会认可并谋取更大发展的根本所在。因此,在校学习的中职生首先应尽可能地提高自己的职业能力。

案例3-9

20世纪40年代,美国福特公司由于老福特管理不善,公司经营每况愈下,1945年每月竟亏损900多万美元,整个公司濒临破产。同年,老福特退休后,受过高等教育颇有管理能力的孙子亨利·福特第二上台,当年就扭亏为盈,赚了2000万美元。经过几年的努力,福特公司又重振雄风,资本总额高达116亿美元,使福特家族成为美国最富有的家族之一。亏盈之别,在于老福特、小福特管理能力的强弱不同。

(二) 职业能力的构成

由于职业能力是多种能力的综合,因此,我们可以把职业能力分为一般职业能力、专业能力和综合能力。

1. 一般职业能力　一般职业能力主要是指一般的学习能力、文字和语言运用能力、数学运用能力、手眼协调能力等。此外,任何职业岗位的工作都需要与人打交道,因此,人际交往能力、团队协作能力、对环境的适应能力,以及遇到挫折时良好的心理承受能力都是我们在职业活动中不可缺少的能力。

2. 专业能力　专业能力是指具体的、专门化的、针对某一特定工作的基本技能。例如,钢琴家的演奏能力、律师的辩护能力、教师的教学能力、外科医生做手术的能力等。这些需要通过教育或者培训才能获

得的特殊知识或能力,又被称为知识技能。

3. 职业综合能力　现代社会对从业者的要求也越来越高,拥有综合职业能力才可以取胜于职场。这就要求从业者不但要具备跨岗位、跨行业的专业能力,如计算机应用能力、运用外语解决技术问题和进行交流的能力;还要求从业者具备掌握制订工作计划、独立决策和实施的能力;更要求从业者在工作中能够协同他人共同完成工作,对他人公正宽容,具有准确裁定事物的判断力和自律能力等。

链接

能力类型测试

对照心理学家设计的能力类型测试表,看看自己属于哪个类型,适合从事什么样的工作和职业。

能力类型	能力特点	适合的职业
数理逻辑性	数理逻辑能力强,有一定的模仿能力、观察能力、创造能力	理论研究、大学教师、工程设计、财会、审计、统计等
组织管理型	组织管理能力强	公务员、教师、教练、企业管理干部、导演等
形象思维型	形象思维能力强、在表达能力、写作能力、观察能力、社交能力方面有特长	教师、记者、翻译、导游、节目主持人、推销员、律师等
记忆、模仿操作型	记忆力、模仿力、操作能力强	建筑、装潢、制造、维修、服务、试验、保管等
思维敏捷型	思维敏捷、反应迅速、注意力集中	法官、警察、律师、驾驶员、技工等
特殊能力型	具备某些方面的专业特长	艺术、舞蹈、演艺、杂技、戏曲、美术、音乐等

考点提示:职业能力的构成

三、医学生怎样提升职业能力,铸就职场成功

职业技能是从业者行走职场、走向成功的基础。一定的医疗职业技能是医务人员做好本职工作的必要保证,也是个人职业成功的前提。对职场新人而言,要想在新的环境中迅速适应、脱颖而出,不断提升职业能力、修炼职业技能,都是迫切需要做的事情。对于一名医学生而言,他的医学专业能力越强,医疗技能越娴熟,那么他获得成功的机会就越多。

（一）知识技能

构建合理的医学知识结构，并将知识与社会需要的能力统一起来，提升医学知识技能和学习创新能力。

职业能力获得的基础在于掌握必需的专业理论知识，所以课堂学习、课堂教学是培养的不可缺少的重要渠道。卫生职业学校的学生应该以市场需求为导向，重视医学专业理论知识的掌握，以勤奋踏实的态度，积极理解消化医疗行业的新理念、新技术、新流程和新配方，为职业生涯打下坚实的理论知识功底。同时，医学生还应该根据所学专业对应的职业群的需要，抓紧时间积极考取职业证书。

链接
执业资格证书

执业资格证书是劳动者具有从事某种职业必备的学识、技术、能力的证明。与学历证书不同，执业资格证书与职业劳动的具体要求密切结合，集中地反映特定职业的实际工作标准和规范，以及劳动者从事各种职业所达到的实际能力水平。执业资格证书是劳动者求职、任职、开业的资格凭证，是用人单位招聘、录用劳动者的主要依据。求职就业必须具有执业资格证书。例如，护理人员要考取相应的护士执业资格证书。

（二）社会能力

注重医学实践，善与他人合作，培养适应社会、融入社会的能力。

一些医疗单位对应届毕业生表示出冷淡，其中一个重要原因就是刚毕业的学生缺乏工作经历与生活经验，角色转换慢，适应过程长。这就需要我们卫生职业学校的学生在就业前就注重培养自身适应社会、融入社会的能力。在医护实践过程中，医学生真正置身于社会去发现、思考、处理问题，既是对医学专业能力的应用检验，更是对专业情感、社会责任感的锤炼和提升，是学生完善自我、发展自我的极好机会。借助医疗单位的实践平台，可以提高医学生的组织管理能力、心理承受能力、人际交往能力和应变能力等。此外，社会实践还可以使医学生了解到医疗卫生领域的就业环境、政策和形势等，有利于学生找到与自己的知识水平、性格特征和能力素质等相匹配的职业。因此，在不影响医学专业知识学习的基础上，大胆走向社会、参与包括兼职在内的社会活动是在校医学生提升自身就业能力和尽快适应社会的有效途径。

链接
人际交往能力

人际交往能力实际就是与他人相处的能力，这是一种重要的就业能力之一。社会上的人际关系比起学校师生、同学的关系要复杂得多。初入社会的毕业生能否正确有效地处理、协调好职业生活中人与人之间的各种关系，不仅影响一个人对环境的适应状况，而且影响着他的工作效能、心理的健康、生活的愉快和事业的成败。不少人刚刚走上职业岗位时，往往在错综复杂的关系面前茫然失措，常常感叹"工作好搞，关系难处"。某大学教师在他儿子大学毕业参加工作时，送给儿子一条"十字家训"："多做事，少说话，以诚待人。"这条家训不妨作为我们处世的参考。

（三）综合竞争能力

医学生要培养竞争能力，运用综合素质取得职场成功。

21世纪是竞争的时代，树立竞争意识、增强综合竞争能力是医学生的必修课。医务人员只有具备敏锐的观察能力、开阔的思维能力、流畅的表达能力和熟练的实际操作能力才能真正在医疗职场上游刃有余地开展工作、服务于患者。另外，良好的沟通能力和团队精神、善于根据具体情况来预见患者的需要，善于主动与患者进行情感交流，善于进行人性化的护理都是提高医疗质量、建立良好医患关系前提和保障。

考点提示：医学生怎样提升职业能力，铸就职场成功

小　结

1. 兴趣需要培养　医学生要想在将来纷繁复杂的择业竞争中找到自己的位置，就必须在专业学习和社会实践活动中通过自己的主动努力去调试培养。

2. 性格可以塑造　已经专业定向的医学生，应该按照即将从事的职业对从业者的性格要求，在日常生活、职业环境中磨炼自己，改造甚至塑造自己的性格。

3. 能力可以提高　也许刚开始时我们并不具备某种职业能力，但只要我们在职业活动中不断提高医学技能、注重医学实践，职业能力不但可以获得发展和提高，还可以挖掘出潜能，从而铸就职场成功。

目标检测

一、单项选择题

1. 中职生刘某经常摆弄一些机器模型，而且技术熟练，他多次参加航模、汽模比赛，都取得了很好的成绩，他今后可能比较适合干的工作是（　　　）
A. 汽车驾驶员　　　　　　B. 记者

C. 农业技术员　　　　　　　D. 演员

2. 职业成功的动力和源泉是(　　)

A. 职业性格　　　　　　　　B. 职业能力

C. 职业兴趣　　　　　　　　D. 职业道德

3. 性格影响人们的(　　)

①生活态度　②行为方式　③职业爱好　④意志品质

A. ①　　　　　　　　　　　B. ①②

C. ①②③　　　　　　　　　D. ①②③④

4. 人们常说什么决定命运(　　)

A. 能力　　　　　　　　　　B. 性格

C. 习惯　　　　　　　　　　D. 机会

5. 性格有(　　),具有社会评价意义

A. 好坏之分　　　　　　　　B. 贫贱之分

C. 内向和外向之分　　　　　D. 稳定和不稳定之分

6. 直接影响职业活动效率的是(　　)

A. 职业意识　　　　　　　　B. 职业能力

C. 职业兴趣　　　　　　　　D. 职业道德

7. 职业能力分为(　　)

①一般职业能力　②专业能力　③职业综合能力

④人际交往能力

A. ①②　　　　　　　　　　B. ①②④

C. ②③④　　　　　　　　　D. ①②③

8. 职业兴趣在职业活动中的作用是(　　)

①影响职业的定向和职业的选择

②促进智力的开发,最大限度地挖掘潜能

③有利于提高工作效率

④健全职业性格,形成职业能力

A. ①②④　　　　　　　　　B. ②③④

C. ①②③　　　　　　　　　D. ①②③④

9. "盛年不重来,一日难再晨。及时当勉励,岁月不待人。"从职业能力形成的角度而言,此诗要求当代中职

生(　　)

①珍惜在校生活,努力学习文化知识和专业知识

②抓紧时间,加强专业技能训练

③抓紧时间,吃喝玩乐

④珍惜在校生活,自觉提高职业能力

A. ①②④　　　　　　　　　B. ①②③

C. ①③④　　　　　　　　　D. ②③④

10. 职业兴趣是一个人积极探究某种职业或者从事某种活动所表现出来的(　　)

A. 心理特征　　　　　　　　B. 心理倾向

C. 心理现象　　　　　　　　D. 特殊个性倾向

二、判断题

1. 职业兴趣是职业准备的起点,在职业活动中起着重要的作用。(　　)

2. 有的人天生头脑灵活,有的人天生嗓音好,有的人天生感觉敏锐,所以说人的特殊能力是与生俱来的。(　　)

3. 正确的职业观对培养良好的职业性格没有任何作用。(　　)

4. 职业兴趣不能提高职业稳定性和工作满意度。(　　)

5. 对于已经专业定向的中职生来说,培养职业兴趣是没有必要的。(　　)

三、简答题

1. 医学生应该如何从所学专业角度出发培养职业兴趣?

2. 医学生职业性格培养的内容和方法有哪些?

3. 医学生怎样提高职业能力,铸就职场成功?

四、自测题

1. 上网搜索职业兴趣自测表,测试自己的职业兴趣,找出自己的兴趣类型,给自己的职业生涯定位。

2. 了解所学专业对应的职业群中的职业对从业者的性格要求,对照自己的性格,看看哪些是相符的,哪些是不相符的,想一想可以采取什么方法进行调适。

(崔爱华)

第4章 认知职业生涯环境 合理进行职业规划

每一个人的成长都是由内因和外因相互作用所形成的。每一个人所表现出来的外在特征(如性格、兴趣、行为习惯)都会受到家庭环境和学校环境乃至社会环境的影响,在择业方面也会受到这些外部环境的影响和制约。当今社会瞬息万变,如果我们能及时了解行业发展的现状、趋势以及相应的国家政策和区域优势,我们就能正确地把握人生的航向。因此,客观、理智地了解、分析这些职业生涯环境对于我们正确地树立职业理想、明确职业目标、规划职业生涯发展路径都有着非常重要的帮助作用。

一般来说,职业生涯环境包括微观环境和宏观环境两方面。微观环境包括家庭环境、学校环境、社会关系等,宏观环境包括政治法律环境、经济环境、社会文化环境和技术环境等。

第1节 分析家庭和学校环境 准确定位自身发展

对每个学生来说,最熟悉的职业生涯环境就是家庭和学校。每个学生的成长基石都离不开这两个微观环境的交互作用,它们对我们中职生的性格、兴趣、能力、学习状况、行为习惯、职业价值取向的形成影响至关重要。因此,我们要想在职业生涯中对自己形成准确的定位,就必须要深入地分析我们所在的这些职业生涯环境。

一、家庭环境分析

家庭环境是指以家庭这一社会群体为核心形成的物质条件和精神条件的总和。青少年的成长离不开家庭环境提供的物质条件和精神条件。家庭环境可以看作是一种家庭的文化氛围,可分为硬环境和软环境两个层次。硬环境是指家庭的地理位置、经济状况、消费习惯等;软环境即精神氛围,是指家庭成员的文化素养、道德品质、家庭凝聚力、家庭亲密度及家庭成员职业和社会地位等方面的状况等。

(一)家庭硬环境

家庭硬环境主要是指家庭地理位置、生活环境、消费趋向、经济状况等,包括家庭经济收入、支出、衣食住行等。家庭的物质条件是我们中职生成长的物质基础和推动力。

1. 家庭的地理位置对我们中职生的思维力、创造力以及综合素质有着重要影响 一般而言,家庭地理位置在发达城市的同学,接触新事物的机会比较多,能较早了解科技前沿知识、参加各种科技实验活动,眼界开阔、思维敏捷,这有利于提高我们同学们的创造力,也有利于同学们较早地确定自己的成长方向,初步确定自己的职业偏好。家庭地理位置在欠发达城市的同学,相对来讲在思维开拓程度及职业目标确定方面略显不足,因此在择业、就业时会略显迷茫。但勤奋朴实、坚毅执着的可贵品质,会使来自欠发达城市的同学一旦打开眼界、接触新知,比发达城市的同学更容易坚持下去,获得成功。

2. 家庭的经济状况决定了我们中职生成长所需的物质条件 家庭经济状况在一定程度上影响着个人的教育经历与就业选择。家庭经济状况良好的个人可以获得较好的教育条件与就业、创业条件,例如,参加辅导班、兴趣班、继续深造、选择创业、获得良好的教育资源与就业资源等。家庭经济状况困难的个人在教育项目选择及职业生涯规划方面要兼顾家庭实际情况,特别是在进行职业生涯规划时,个人要加强和父母的沟通交流,充分考虑家庭状况,可以考虑就业而非继续深造。

(二)家庭软环境

家庭是陪伴我们每个中职生成长的摇篮,我们许多至关重要的品格特征都是在家庭这个环境中初步形成的,特别是我们的世界观、价值观、人生观这些基本的理念体系都在很大程度上受到家庭的影响。它对我们未来的职业认知、自我定位、职业选择等方面会产生较为深刻的影响。这里所说的家庭软环境主要是指家庭文化、家庭的社会关系以及家庭成员的期望水平等。

1. 家庭文化影响 大到国家、小到家庭的每个组织都有它固有的文化基因,这个组织内部的所有成员都会受到这种文化氛围的影响,具有明显的组织文化烙印。一个人出生以后第一个接触的组织就是家庭,他的成长受家庭文化的影响深刻而久远。人的社会化,实际上从刚一出生就开始受到家庭文化的熏陶,经过长期潜移默化,使人形成一定的世界观、人生观、价值观和行为模式。尽管我们中职生接受了程度不等的教育,但是家庭却在很大程度上对人形成了根本性、长期性的渗透影响。

家庭成员的文化素质和特定的家庭文化氛围直接影响我们中职生的自我价值体系和人才思想素质。一般来讲,家庭成员文化素质较高的家庭里,子女的文化素养较好,基本素质较高,对社会问题的判断和认知也更为客观、准确,待人接物也较为得体。这些家庭出身的孩子在择业方面更多表现出理性和自信,在择业中也较易寻找到适合自己的工作机会。相反,家庭成员文化素质较低的家庭里,子女的文化素养、基本素质会受到影响,具有鲜明的"家庭特征",对社会规律和社会问题的认知和判断容易形成偏差,在择业、就业的过程中较为容易迷失自己,与匹配的工作失之交臂。

另外,父母职业由于类别上的不同,使得家庭生活和家庭教育都受到一定的差异影响。每一个父母都按照自己的价值观在塑造和影响着我们中职生。父母在子女培养方面的价值观不同,对什么是好孩子的衡量标准也不相同,培养出来的子女所形成的是非观、价值观、行为特征也就会有所差异,因此不同家庭培育出来的孩子在就业中所体现出来的竞争力也会不同。此外,父母的文化水平也会影响子女的学习水平、志向、态度等,从而影响我们中职生的职业生涯定位及发展。

世界观、人生观与价值观

(1)世界观:是指人们对世界的总的根本的看法。人们的社会地位不同,观察问题的角度不同,形成不同的世界观。世界观包括自然观、社会观、人生观、价值观、历史观。

(2)人生观:是指对人生的看法,也就是对于人类生存的目的、道德和意义的看法。人生观是由世界观决定的。其具体表现为幸福观、苦乐观、荣辱观、生死观等。

(3)价值观:是指一个人对周围的客观事物(包括人、事、物)的意义、重要性的总评价和总看法。一方面表现为价值取向、价值追求,凝结为一定的价值目标;另一方面表现为价值尺度和准则,成为人们判断价值事物有无价值及价值大小的评价标准。个人的价值观一旦确立,便具有相对稳定性。

2. 家庭社会关系影响　家庭的社会关系主要是指父母的亲戚、朋友以及其他的人际交往资源。家庭的社会关系是重要的就业资源,对个人确定职业生涯目标、明确职业生涯发展路径具有一定的影响。如果家庭社会关系较为广泛,在择业时更容易获得相关的就业信息和就业机会,在就业中捷足先登;如果家庭社会关系较为狭窄,在择业中我们就更多地需要凭借个人的努力来实现我们的职业理想。我们中职生在

个人职业生涯规划中要学会搭建自己的人脉网络,善于借势,积极发现、把握身边的发展机遇,为个人的职业生涯发展捕捉良好的契机。

3. 家庭氛围影响　完整、融洽的家庭会形成较好的家庭凝聚力和家庭亲密度。良好的家庭氛围对个体的心理品质、人格、情绪会产生良好的影响。在良好的家庭氛围中,个体在家里感到愉快、安全,情绪稳定且有独立性、主动性等。在职业生涯规划方面,家庭氛围也会较为民主,父母能够和子女一起合理规划子女未来的职业发展。如果家庭氛围不佳,家庭人员关系不稳定、不和睦,个体则会产生不安全感,表现出敌对、偏激、孤独等心理,产生不健全的心理品格。在职业生涯规划方面,家庭氛围相对来讲会较为紧张,父母不能为子女未来的职业生涯规划提供更多的建设性意见。

4. 其他影响因素　家庭中的每个成员都对我们中职生树立职业目标、明确职业发展通道起着重要的影响。家庭成员的职业背景对我们中职生的职业认知、职业期望以及职业价值取向存在较为直接的影响。这种影响分为正向影响和反向影响两种。有些家庭成员得益于其正在从事的医护工作或者认为医护工作是社会上较为热门的职业,就会希望我们中职生将来也从事此类职业;有些家庭成员认为其从事的医护工作较为辛苦、风险较大,就会不建议我们选择此类职业。此外,家庭成员的健康情况也会影响我们的职业诉求与职业定位。如果有家庭成员常年生病,个体在择业时可能会更加务实,希望通过尽早就业来解决家庭经济问题;个体在择业时也更容易倾向于医护工作,目的是为了帮助家人解决病痛。

家庭对我们中职生职业选择的影响是最为直接、最为深刻的。个人职业发展规划的确立,总是同自身的成长经历和家庭环境相关联。个人在成长过程中,也会根据自己的成长经历和所受教育的情况在不同时期不断修正、调整,并最终确立自己的职业理想和职业计划。正确而全面地评估家庭情况有助于中职生针对性地设计适合自己的职业生涯规划。

分析家庭情况的要领

(1)全面、客观地进行自我分析,不能全盘参照他人的家庭情况,在分析中要理智、冷静,不要怨天尤人或盲目攀比。

(2)既要充分利用身边的有效资源来为自己的职业发展服务,也不能完全依赖父母。

(3)学会运用发展的眼光对家庭情况进行科学分析。家庭状况并非一成不变,我们可利用的资源也在不断变化,我们要充分考虑变化因素,根据变化的情况,合理地确定和调整职业生涯规划。

　　小丽的父母是个体经营户,常年的过度劳累导致身体多处不适,一旦休息养病,家庭的收入就又成了问题。父母看到隔壁家的小张护士工作稳定,收入又高,还能照顾得了家人,就特别希望小丽将来也能成为一名护士。

　　小丽听从父母的建议,选择了一所卫生学校学习护理专业。在校期间,小丽勤奋努力,品学兼优,护理操作技术过硬,得到了省级大赛金奖。小丽在卫校毕业后,考虑到家庭的经济状况,打算先就业,帮助父母减轻经济负担。

　　小丽的表姑在一家社区医院做医生。小丽通过表姑了解到这家社区医院正在招聘护士,小丽及时报名,通过逐层的笔试、面试,最终以优异的成绩如愿以偿地成为了这家社区医院的一名护士。

问题:
　　你的家庭能给你的职业生涯发展提供什么帮助?

二、学校环境分析

　　除了家庭,学校也对我们的职业选择起着重要的影响作用,尤其是和我们将来就业直接密切相关的职业院校。一个学校的软硬件环境、专业设置、动手能力培养、社会实践操作、就业情况、社会声誉等因素都是我们需要认真分析、合理利用的宝贵资源。要学会充分利用学校的品牌优势、教学特色和就业市场开拓优势,积极把握区域行业发展机会,力争为我们就业构建有利因素。

　　对中职生来说,我们对学校环境要有充分的认知。这样,我们才能在求职时清晰地分辨出学校环境的优劣势,才能有助于我们辨别职业生涯的发展目标,从而确定我们的职业生涯发展路径。

(一) 专业设置

　　发展良好的职业院校能够根据时代发展的潮流、专业发展的趋势来与时俱进地更新学校的专业目录,体现专业前瞻性及实用性,这样会增加中职生成功就业的概率。

　　一般来讲,在中职院校的医护专业领域,我们常见的有"护理、助产、药剂"等专业,而在边缘学科的"美容医学、康复医学、营养保健"以及随着国家政策应运而生的"农村医学"等专业也逐渐丰富了卫生中职院校的专业设置。这些专业一方面让我们接受了内容更为丰富的职业教育,另一方面也让我们在日益细分的职场中获得竞争优势。

　　护理职业技术学校的专业设置是根据社会经济发展的需要,结合国家教育部、卫生部的相关要求为主来进行设置的。很多与时俱进的卫生职业学校,为了在竞争中更具优势,通常会设置一些社会需求较强的专业以及其他具有发展潜力的新兴专业。表 4-1 是常见的专业设置目录。

表 4-1　护理职业技术学校常见专业设置表

专业	培养方向
临床	国家基层医疗机构或民营医院的住院医生、医生助理
护理	各级、各类医院、急救中心、康复疗养中心、社区医疗服务中心从事临床护理、康复护理和社区护理工作
助产	各级、各类医院、妇幼保健站、计划生育服务站、急救中心、康复疗养中心、社区医疗服务中心从事临床助产、护理、母婴保健等工作
药剂	各级、各类医院、制药企业、医药公司、药店等单位、部门工作
农村医学	国家基层(农村卫生室、社区卫生服务站)的实用型医学专门人才
康复治疗技术	国家综合类医院的康复理疗护士或其他相关服务机构工作人员
口腔医学	各级、各类医院、口腔诊所及各类义齿加工中心(加工厂)等单位从事口腔技术专业
涉外护理	涉外医院及各级、各类医院、急救中心、康复医疗中心、社区医疗服务中心、宾馆及有关服务机构从事临床护理、康复护理、社区护理和相关的护理服务工作
医疗美容技术	国家各级综合类医院的皮肤科护士或者皮肤科专科医院的护士

　　我们中职生在选择和学习以上相关专业时,往往不知道该如何下手？也不知道该如何开展学习？这些专业和未来的就业有何关联？如何能够更好地学习专业知识,在就业中形成较强的竞争力？表 4-2 有助于中职生了解、判断所学的专业优势,也有助于同学们加强对所学专业的认知,从而和我们的职业生涯定位形成良好衔接。

表 4-2　所学专业职业前景九问

专业九项	具体任务
这个专业是什么	专业的定义、内涵是什么？各个机构对这个专业的定义是什么？你的看法是什么
这个专业学什么	都有什么课程？什么领域？哪些分支？各个领域的专家是谁？主要理论是什么
什么人适合学习这个专业	这个专业适合什么人学？有哪些具体素质要求和基础能力要求

续表

专业九项	具体任务
与这个专业相关的专业有哪些	都有哪些专业与你要学习的专业相关? 这些交叉学科对你本专业的学习有何帮助
这个专业毕业有哪些就业出路	这个专业毕业后能做的工作有哪些? 不同的出路有什么具体的要求
哪些名人学过这个专业	哪些名人学过这个专业? 他们现在的成就是什么? 他们在学这个专业时有什么特别的方法和故事
这个专业的学习圈子都有哪些	有哪些图书馆、网站、论坛、博客、QQ 群、报刊、课程等是这个专业的一流学习资源? 他们的特色是什么? 你怎样能享受这些资源
别人对这个专业的看法	学过的人、学好的人、专家等对这个专业的看法和评价是什么
你自己对这个专业的看法	你自己对这个专业的看法是什么呢? 你打算如何学习这个专业

每个专业除了需要我们掌握其相应的专业知识课程、专业技能课程之外,还需要我们在毕业前期考取相应的执业资格证,为就业准备好"入场券"(表 4-3)。这样,我们才能在激烈的竞争中获得机会,谋求发展。

表 4-3 医学生毕业前应考取的相关资格证书

专业	职业资格证
护理	护士资格证
助产	助产士资格证
农村医学	助理执业医师
药剂	药士资格证
口腔医学技术	口腔技师、口腔修复工
康复治疗技术	康复治疗师、助听器验配师

链接

符合国家发展需要的农村医学专业

农村医学专业是符合国家发展需要而新兴的专业。2009 年,新医改方案提出了近期要着力抓好的五项重点改革,即"四项基本和一项试点",随即启动了基本公共卫生服务项目、加快基层卫生服务体系建设、着手建立基本药物制度、完善新型农村合作医疗政策的四项基本改革,以及推进公立医院改革试点。而这新医改的 5 项重点改革,除公立医院改革跟村医关系不大之外,其他 4 项都跟村医密切相关。

(二)能力培养

中职院校的培养目标就是为祖国培养各类蓝领型的技能型人才。一名合格的职业人,除了应该具备扎实的专业基础知识及良好的个人素质以外,还需要具备以下三种基本能力,即专业能力、方法能力和社会能力(图 4-1)。

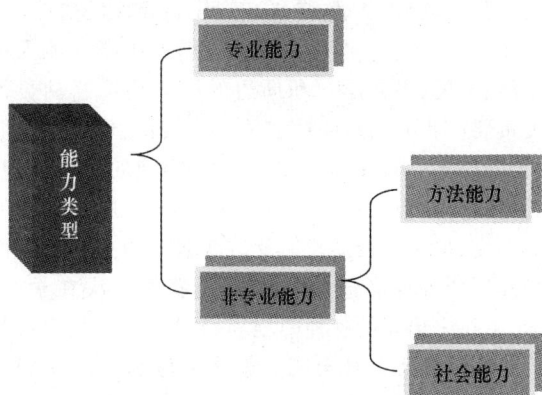

图 4-1 职业人应具备的基本能力类型

1. 专业能力 专业能力是在特定方法引导下有目的、合理利用专业知识和技能独立解决问题并评价成果的能力。职业学校教育的核心是培养学生的专业知识与专业技能,培养的目标是使学生具备较为实用的专业能力,即能够认知基本的专业理论,开展基础的专业操作技能。对于卫生职业学校的学生来说,这些专业知识包括:解剖生理学基础、临床医学概要、药物学基础、内科护理、外科护理、妇产科护理、儿科护理等;专业技能包括:病情观察、心肺复苏、给药护理技术、生活护理、饮食护理、专科护理(内、外、妇、儿)等。除了这些课本知识以外,专业能力还包括具体的操作技能与相关的社会实践。例如,医生的诊疗技能、护士的护理技能、药剂工作者的制药技能等。这些专业能力是我们中职生未来就业、胜任职业工作的基础,也是我们赖以生存、谋求发展的核心本领。

2. 方法能力 方法能力是个人在家庭生活、职业生活和公共生活中,面对发展机遇以及各种要求和限制所作出的判断、分析、思考、行动和反思的能力和愿望。它特别指以下两方面。

(1)随着时代和科学技术的不断发展,中职生应具备独立学习、及时获取新知识技能的能力。

(2)在学习生涯中,中职生要学会根据职业理想、职业目标来合理制订年度学习计划、季度学习计划乃至每一天的学习计划;并要学会如何进行学习情况分析、阶段学习情况反思以及阶段学习情况小结等。掌握了这种方法能力,我们中职生就可以在未来的职场生涯中,具备制订工作计划、完善工作过程、进行质量自我控制以及工作评价的能力等。

方法能力是基本发展能力,它主要培养的是我们的科学思维的能力,有助于我们以逻辑性、合理性的态度面对问题、解决问题,从而使我们具备可持续发展的动力。这里所说的方法能力包括：①更新、运用知识的能力；②选择、处理信息资料的能力；③思考能力、分析能力、创新能力；④任务策划和管理组织能力；⑤明智、宽容、坚毅、自立和责任心等现代精神。

3. 社会能力　我们每一个人都无法离开他人独立生活、发展，因此学会和周边的社会环境互动显得至关重要。我们周边的社会关系包括：父母、亲戚、朋友、老师、同学、领导、同事以及其他交往的人群类别。处理好这些社会关系可以帮助我们树立健康、乐观的生活态度，也可以帮助我们及时获取各种有利于我们自身发展的各种信息，更可以帮助我们解决在学习、生活、工作中出现的各种问题和困扰。这是我们最为宝贵的人际资源。社会能力就是适应和建立我们周边的社会关系的能力。它要求我们在与人交往的过程中，要能够感受和理解他人的奉献和不足，要学会换位思考，能"严以律己、宽以待人"，学会负责任地与他人融洽相处。社会能力是与他人交往、合作、共同生活和工作的能力，包括工作中的人际交流、公共关系、劳动组织能力、群体意识和社会责任心等。社会能力既是基本生存能力，又是基本发展能力。

对于中职生来讲，掌握专业能力是我们生存的基础；具备发展能力是我们成功就业的助推器；社会能力则是我们融入社会、更好地生活的生存和发展的保障。

案例 4-2

小金是个内向、勤奋的中职生，在卫生职业学校里学习护理专业。她遇到不懂的问题就去向老师和同学们请教，直到弄懂为止。很快，她就成了班里的业务尖子，几乎没有什么专业问题能难倒她。可是，小金在主动掌握新知、行动和反思以及人际交往等方面却表现不佳。小金坚持认为：只要学校里老师教的业务知识掌握得好，未来就一定能够找到一份好工作，迟早都会得到他人的认可和尊敬。

小王和小金是同学。小王专业知识的掌握程度仅在小金之后。小王经常对照自己的学习和生活展开深入分析，总结并及时改正；此外，小王积极涉猎各种课外书籍，主动了解行业发展动态及相关政策导向，知识渊博。很多同学遇到问题也都纷纷向小王请教，小王总是分析得头头是道，得到了大家的信任和好评。

问题：

小金和小王未来的职业生涯分别会如何？为什么？

（三）实践基地与实践机会

卫生职业技术学校既然是培养技能型人才的摇篮，那么实践操作能力的培养就显得十分重要。每所卫生职业技术学校的品牌专业不同，实验室的设置也会有所差异。解剖实验室、病理实验室、临床实验室、

护理技能操作中心等都是我们开展专业技能学习的场所，这为我们初步经受专业训练提供了实践机会。实习时，我们还有机会进入一些公立医院、民营医院、社区卫生服务站以及乡镇卫生院等实践基地，在这里，我们可以作为住院医生、实习护士参与专业实践。此外，学校或者实习医院组织的社区义诊或者农村义诊也会为我们提供极其宝贵的实践机会，让我们有机会学习和演练各种常见病、多发病的诊疗及护理技能。

（四）就业情况

日趋激烈的职场竞争要求我们及早地未雨绸缪，寻找一切便于就业的渠道。学校是疏通即将毕业的学生与就业端口的最佳阵地。很多学校秉承"负责、开放"的办学理念，积极开拓准毕业生的实习及就业市场，以便形成良性循环的"人才选拔—人才培养—人才就业"办学优势，在本市、本省乃至全国都能输送品学兼优的优秀毕业生，一方面解决了国家医护工作者的来源缺口，一方面解决了学生的后顾之忧。

中职学校的就业办在就业市场开拓方面渠道较多，在每个毕业季都通常能够接收到当地公立医院、企业转制医院、合资医院以及民营医院的招聘简章；发展日益成熟、功能日益细分的互联网，也可以通过专业的医疗招聘网站为同学们提供就业信息；此外，中职学校也可以在学校的网站上更新学校的竞争优势以及同学们的求职信息，获得相关医院的人才招聘订单。

当然，我们还应采用开放的态度来对待就业，在就业渠道建设方面，我们应走出本市、本省的就业局限，面向全国参与就业竞争，既有利于提升学校的品牌形象，又有利于学生在更大范围内的双向选择就业。

同学们要主动了解学校开辟了哪些就业渠道？这些渠道是否能对我们的就业给予帮助？学校各个专业的热点就业方向是什么？学校业已毕业的师兄师姐们的主要就业归宿是什么？弄清楚这些问题将会提升中职生自我职业目标以及就业渠道的清晰认知，这些认知将有助于我们的求职预判。

案例 4-3

每年的 3 月开始，各个用人单位就开始了招聘工作。主要的招聘形式有：发布网络信息、开设招聘展位、发放招聘简章、组织校园招聘等。很多同学这个时候就慌了手脚，无所适从。只有小张神态自若，按部就班地做着各种准备工作，是班里第一个找到工作的同学，而且工作单位还很不错。

原来，小张在上一年级的时候就开始关注学校每年的就业情况。她一边向就业的师兄师姐打听相关信息，一边向就业办的老师们请教这些年各个专业的就业规律及就业中的各种注意事项。这样一来，小张的

就业目标逐渐明确,结合自己的实际情况,小张制订了非常科学、详细的学习计划、实习计划以及就业计划。功夫不负有心人,小张终于拿到了梦寐以求的入职通知书。

问题:

小张成功的原因是什么?

(五) 社会声誉

职业学校的社会声誉是学生就业的名片。优质的软硬件配置、良好的学风校风、深厚的专业研究水平、高规格的学校资质都可以为学生的就业提供优势竞争力。学校的品牌形象、学校参与的科研项目、学校的人才培养模式、学校参与的社会公益活动、学校历年获得的国家级、省级荣誉、学校在行业中的口碑和影响力也都会对即将毕业的学生就业产生影响。学校的社会声誉意味着学校在社会中的定位和身份。社会声誉良好的学校在就业季到来的时候,人才早被预定一空;社会声誉平平或不佳的学校在学生就业方面往往有劲儿使不上,只能被动等待。因此,对于中职生来说,我们要时刻关注学校的发展动态,在就业中善于合理利用学校的品牌优势。

学校环境分析对于学生成长、就业起着较为关键的作用。良好的学校环境可以弥补家庭环境的不足,是同学们在就业的起点上能够具备较好的竞争优势。

第2节　挖掘身边社会资源 合理进行职业规划

为了应对需要,满足需求,所有能提供而足以转化为具体服务内涵的客体,皆可称为社会资源。我们中职生身边的社会资源主要指有利于我们择业、就业的各种物质资源、信息资源、人脉资源等。

随着逐渐地成长,我们的思想日趋成熟,视野逐渐开阔,人际交往也逐渐社会化。此时,我们要开始学会获取、识别、分析、合理运用周围的各种资源,使其成为我们科学择业、顺利就业的助推器。

一、身边的社会资源

(一) 物质资源

物质资源主要是指家庭或者个人能够提供的经济上的帮助和支持。闲置的土地和房屋、闲置的设备、充裕的资金都可以成为我们就业、创业、致富的关键物质资源。如果我们的家庭经济状况良好,可以多到全国各地旅游观光,一方面了解当地的风土人情,

一方面有助于我们正确了解国家的经济形势、行业发展动态以及社会形态发展变化,从而为我们选择职业提供决策依据。此外,如果家里经济条件较好,家里有闲置的资金、土地和设备,我们也可以选择创业,最大化地是实现自己的人生价值。

(二) 信息资源

信息资源是指可供利用、与社会生产和生活有关的各种文字、数字、音像、图表、语言等一切信息的总称。我们这里所指的信息资源是指社会中已经存在的或正在兴起的各种关于专业发展、就业等的政策信息、时事信息以及行业发展趋势等。在校期间,我们中职生可以通过各种媒体获取有关微观、宏观环境的信息;还可以通过选修相关课程和听讲座、听报告的方式来获取宏观环境的信息。中职生也可以通过实习、兼职、社会实践等机会,利用假期和课余时间,在不影响学业的基础上,多深入社会了解各种相关信息。此外,了解家庭、学校等微观环境的信息的最好途径就是向长辈、专业老师、师兄师姐等请教。

1. 信息资源的特点

(1) 重复使用性:信息的价值是在使用过程中得到体现的。同样的信息可以在不同时间供不同的人使用。信息不会因为某一个人的使用而丧失价值,也不会因为为某一个人使用而其他人无法再使用。

(2) 价值差异性:信息资源的利用具有很强的目标导向,不同的信息在不同的用户中体现不同的价值。

(3) 整合性:人们对自己所需要的信息可以进行检索和利用,不受时间、空间、语言、地域和行业的制约。信息资源是社会财富,任何人无权全部或永久买下信息的使用权。

2. 获取信息资源的途径　对于中职生来说,及时地通过多种可靠渠道了解社会发展、国家政策、国家时事、行业特点、行业政策、行业发展趋势等信息能帮助我们对未来进行科学合理的预判,做好我们的职业生涯规划。

(1) 静态资料接触:我们周围充斥着大量信息,最容易接触到的信息渠道有:报纸、书籍、网络、电视等。通过这些触手可及的信息渠道,我们可以及时掌握和就业相关的医疗行业发展趋势、国家的医疗改革政策、医疗行业在国内主要城市的区域优劣势及薪酬水平等。

(2) 动态资料接受:除了静态资料之外,我们中职生还可以通过和父母、亲戚、师长、朋友等聊天来获取各种现实信息。专业协会、专业俱乐部也是不错的了解信息的途径。我们可以积极参加这些专业协会,或者积极参加学校举办的行业讲座,主动和学校请来

的这些行业精英进行访谈和咨询,从而提高自己对于行业的认识和未来发展的判断力。

链接

职业生涯人物访谈问题清单

职业资讯方面	工作性质、任务或内容
	工作环境、就业地点
	所需教育、培训或经验
	所需个人的资格、技巧和能力
	收入和薪资范围及福利
	工作时间和生活形态
	相关职业和就业机会
	进修和升迁机会
	未来发展前景
生涯经验方面	个人教育或训练背景
	投入该职业的决策过程
	生涯发展历程
	工作心得:乐趣和困难
	对工作的看法
	获得成功的条件
	未来规划
	对后进者的建议

链接

职业生涯人物访谈报告

访谈人物:_____ 从事职业:_____

访谈日期:_____

访谈地点:_____

职业咨询方面:_____

生涯经验方面:_____

访谈心得与反思:_____

（3）参与真实情景:静态信息和动态信息都是由他人提供的资料,我们只是对这些资料进行分析、加工和处理,从而形成我们自己的判断。最直接的信息来源(一手资料)还是要我们自己去捕捉,比如,去医院参观、实习;去社区进行义诊服务;社会实践、诊所兼职、暑期实习等。这些直接的工作经验更能检验我们对信息收集和感受的效果,更能让我们看清楚这个职业的全貌和未来发展的各种可能性。

（三）人脉资源

人脉即人际关系、人际网络,体现人的人缘、社会关系。是"经由人际关系而形成的人际脉络"。"人脉资源"在当今社会显得愈发重要,为了将来能更好地融入社会,获得更好的发展,中职生应该在学校期间就锻炼自己积累、利用人脉资源的能力。中职生的人脉圈主要可以划分为"学生圈"、"老师圈"、"社会圈"三个圈子,每个圈子都有自己的特色。中职生应该结合自身的特色,打造出属于自己的"人脉资源",为以后步入社会奠定基础。

1. **学生圈**　学生圈的人脉关系不仅仅是指以前或现在的同班同学,还包括同学的同学、志趣相投的同学、互相帮助过的同学等。我们可以扩大学生圈的途径有:第一,积极参加社团。通过社团活动,我们可以认识和自己有着相同兴趣爱好的同学,这些同学可能是我们学校的学生,也可能是外校的学生,还可能是各校已经参加工作的师兄师姐以及行业精英。通过这些人脉,我们可以更多地了解各种相关信息,帮助我们客观地认识社会、了解行业,为就业、择业、创业铺垫人脉基础。第二,积极参加学校举办的各种活动,通过这些活动,我们能够认识很多的本校同学以及外校同学,大家可以在交流中获取我们欠缺的各种信息,及时互通有无。第三,学会理性地使用各种网络社交工具。现在常见的网络社交工具主要有:QQ以及QQ群、MSN、人人网、百度空间及百度文库、博客、微博等。在进行网络社交时一定要慎重,一是尽量选择知名网络平台进行交友,二是切勿轻易透露出自己的隐私信息。如果能够理智、合理地利用网络,我们可以足不出户地交友,可以有效地广泛地与朋友进行互动,获取我们想知道的各种信息。

2. **老师圈**　中职生周边的老师有行政老师和任课老师。我们要学会和这些老师打交道,获得他们的信任和支持。行政老师一般是我们的班主任以及学生科、教务处、就业办等部门的老师,这些老师往往掌握着很丰富的机会资源和人脉资源,可以为我们提供勤工俭学的机会以及医院实习的机会等,也可以在就业方面给我们提供各种建议及帮助。任课老师在专业领域的造诣较深,可以帮助我们更准确、更深入地了解专业知识,也会帮我们在专业方面的发展提供中肯的建议。

3. **社会圈**　我们身边的亲戚朋友,或者我们在各种活动中认识的业内人士,都可以成为我们的社会圈,他们通常有着较深的人生阅历,对待职业和生活的看法也更务实、更客观。我们要学会跟这样的朋友交流、取经,把他们的认识拿来分析、思考,从而形成自己更加全面的判断。值得注意的是,我们中职生年龄尚小,辨别是非的能力较弱,所以,我们要在师长或者家长的陪同下开展社会圈子的交往。

以上三个圈子,都是必不可少的。有意识有计划地去发展这三个圈子,在上学期间,在学好自己专业课的前提下,开始学会积累自己的人脉资源。拓展人脉圈子首先就是从对身边的挖掘和积累开始,要学会如何善对亲人,再打好与老师、同学、朋友、老乡、同事的关系,最后突围到更大的圈子。未来,我们会发现良好的人际关系越广泛,在生活、事业上获得成功的概率就越大。

链接

人际关系的重要性

懂得利用人际真的很重要吗?美国钢铁大王及成功学大师卡耐基经过长期研究得出了这样一个结论:"专业知识对一个人成功所起的作用只占15％,而其余的85％则取决于人际关系。"换句话说,无论我们从事什么职业,只要学会处理人际关系,掌握并拥有丰厚的人际资源,就意味着我们在成功路上已经走了85％的路程。由此可见,拥有并学会利用人际对我们个人事业的发展是何等重要。

案例4-4

小张性格开朗,善于与人交往,中考后进入某卫生职业学校学习护理专业。在校期间,小张认真学习每门课程,与老师和同学的相处也非常融洽,先后加入了学校的学生会和中医兴趣社团组织,课外也很积极地参与各种社会实践活动。临近毕业的时候,小张如愿以偿地获取了护士资格证书。在学校里,小张的专业水平在全校属于中上等水平,却击败了一些专业知识和专业技能好于小张的同学,获得了一家二甲专科医院的入职录取通知书。

问题:

在就业市场中,为什么小张能在众多专业水平较高的同学中胜出?

我们每个人都拥有巨大的资源。知识、信息、经验、人际关系、社会地位、物质基础等。如果我们中职生能把上述因素加以恰当地利用,就会获得巨大成功。

二、合理运用社会资源进行职业规划

俗话说:"知己知彼,百战不殆。"在择业、就业、创业的过程中,如果能够清晰地认识自己、深入地了解职业环境、准确地洞悉岗位信息,我们就能够在就业市场中获得更多的选择机会。

(一) 客观了解身边资源

在逐步走向职业生涯的过程中,我们中职生首先要学会的是理智、客观、冷静地分析身边资源,真正辨别清楚哪些资源对未来就业是优势资源,我们要做好充分的思考和挖掘,从而帮助我们做好求职定位。首先,要了解家庭经济状况及家庭文化。要知晓家庭年总收入(包括收入结构和收入稳定性)及家庭年总支出(包括支出结构),要清楚家庭的土地、

地产、设备等优势,还要了解父母的职业以及家庭的期望等,这些身边资源往往孕育着我们得天独厚的优势,我们可以运用闲置的房屋和设备进行创业,也可以结合父母的职业开展我们的职业生涯,等等。其次,要认真分析学校的专业优势及求职预期。学校有各种优势资源:品牌优势、专业优势、硬件优势、软件优势、就业渠道优势等,我们可以运用学校前瞻的专业优势在就业市场中取胜,也可以依托学校丰富的就业渠道网络开辟我们的职业生涯,也可以凭借学校的品牌优势在众多的竞争者中胜出,等等。总之,我们要善于挖掘、合理运用身边现有的各种优势资源,盘活潜在优势资源,为我们的职业生涯形成有力的助推器。

(二) 密切关注周边信息

当今世界是个知识、信息海量存在的社会,各种信息触手可及。中职生可以通过电视、广播、网络、报纸、杂志等媒体时刻关注发生在我们周边的各种新闻、国家政策及行业信息。从中我们可以及时了解医疗行业发展的动态以及医疗行业用工趋势。在日常生活中,我们可以从家长和亲戚们的聊天中捕捉各种信息,还可以从老师的授课中把握利于我们就业的各种信息。除了我们要在生活中争当"有心人"外,我们还要学会见微知著,通过各种社会现象分析其背后的原因,这样才能比别人领先一步。例如,如果近期很多医院都打出了大量的招聘护士的广告,那就意味着护士这个岗位目前以及在未来一段时间内都将是紧俏专业,就业趋势看好,工资可能也会增长。再例如,如果近期报考农村医学这个专业的人很多,那就意味着这个岗位在未来会有较大的市场容量,这是一个机遇岗位。其他的各种社会现象很多,我们要学会抽丝剥茧,从中寻找有利于我们就业的关键信息。

(三) 积极搭建人际关系

21世纪是一个"众包"的时代,只有善于积累人脉资源,并且合理利用自己的人脉资源,才能在生活中以及未来的职业生涯中得到更好的发展。我们周围的人际关系有:父母、亲戚、老师、同学、朋友、老乡、同事等,这些人脉资源都将成为我们宝贵的人生财富。大部分同学不好意思和人交往,也不善于与人交往。经常只是和身边或宿舍里的几个同学、朋友交往。这样一来,眼界拓展不开,信息交流受限,个人的社交能力也没能培养起来,这对于未来的成长、生活和工作都不会产生促进作用和帮助作用。有些中职生从实习开始才发现人脉资源的重要性,但是由于没有在日常生活中培养出人际交往的习惯,所以在关键

的人脉资源积累方面不知该如何下手，从而错失良机。因此，我们中职生应该主动地学习一些人际交往方面的知识，有意识、有计划地锻炼自己积累、利用人脉资源的能力，逐步学会建立自己的人际网络，并让这些人脉资源发挥最大的价值效用。

链接 人脉资源积累的注意事项

（1）多和父母或者见多识广的亲戚聊天，培养自己的思维能力，开阔自己的眼界。在获得这些亲戚赏识的同时，交流自己在求职方面的意向和困惑，在关键时刻就能够获得这些资源的有力帮助。这是我们中职生最可靠的人脉资源。

（2）多和乐观、善良、睿智的人做朋友，多和他们交流职业信息及生活信息。每个人都是一个拥有广泛社交网络的载体，他的思想里往往体现着多人的智慧结晶。这是我们中职生常见的人脉资源。

（3）多和社会关系广泛、人生经验练达的老师交流，在获得重要的人生经验以及就业信息的同时，他也会成为你有效的就业渠道之一。

当我们通过各种社交网络认识更多的同学、朋友、老乡的时候，我们要注意分辨良莠，坚决不和品行不端、消极悲观、有不良嗜好的人做朋友，从而保证我们的交友质量。我们还需要及时向老师和家长如实汇报自己的朋友清单，得到老师和家长的同意后，我们再去开发这些较为陌生的人脉资源，从而确保我们的健康成长和人身安全。

案例 4-5

比尔·盖茨在 20 岁的第一份合同来自 IBM。因为他母亲本来是 IBM 董事，是她把小比尔推荐给 IBM 董事长，才赢得这份具有里程碑意义的合同，也才让比尔·盖茨获得了人生发展的第一桶金。这个故事可谓街坊尽知，也常常被人提及证明人际关系的重要性。

（四）自我分析的重要工具——SWOT 分析法

通过家庭环境分析和学校环境分析，我们中职生能够对我们所具备的各种资源形成基本的辨识。但是，这些零乱的信息如何整理才能让我们更清晰地知道哪些信息是我们需要充分开发利用的，哪些信息是我们需要规避的，从而帮助我们扬长避短地寻找自己职业生涯的机遇。

SWOT 分析法是一个很有用的分析工具。它常用来作为经济管理领域里的战略分析。对于中职生来说，SWOT 可以帮助我们进行人生战略分析，通过分析来明确我们的职业生涯发展之路。

链接 SWOT 分析法

SWOT 是"优势、劣势、机遇、威胁"4 个英文的第一个字母的组合。其中，优势和劣势是分析我们中职生的个人特点以及个人所具备的各种资源情况，而机遇和威胁则是帮助我们分析未来行业发展的趋势、可能面对的机遇以及挑战。

（1）优势（Strengths）：所出身的家庭、所具备的性格特点、所在的学校、所学习的专业、所做过的实践活动、所取得的各种成绩及荣誉、丰富的人脉资源、忍耐力如何……

（2）劣势（Weakness）：所出身的家庭、性格弱点、资源获取能力欠缺、经验或经历中欠缺什么、最失败是什么……

（3）机遇（Opportunities）：医疗行业发展现状及趋势、国家相关政策、现在及未来的就业形势、各种职业发展空间、社会最急需的职业……

（4）威胁（挑战）（Threats）：学历较低、竞争激烈、薪酬过低……

Strengths 优势	Weakness 劣势
自身特点、家庭、兴趣性格、人际关系……	自身缺点、家庭状况、学习情况……
Opportunities 机遇	Threats 威胁
个人、家庭、学校、区域发展方面的机会……	经济形势、行业动向、竞争对手……

1. 优势（Strengths）　"优势"主要分为个人优势和资源优势两个方面。

（1）个人优势因人而异。比如有些人口才很好；有些人交际能力出众；有些人具备某些文艺体育类的特长；有些人很容易在第一印象给人以信赖感；而有些人在学校期间系列地读过一些书，对护理领域形成了较系统的知识；有些人在校期间参加过很多相关的社会实践活动；有些人对数字很敏感；有些人逻辑分析能力较强；有些人善于搜集信息情报；有些人在团队中有很强的煽动力等等。这些个人优势我们个体会有较为清醒的认知，如果担心自己看得不够全面，还可以请同学们帮忙，互相提醒。

（2）所谓资源优势，包括的因素也很多：包括人力资源、财力资源、品牌资源、知识资源等。比如你的父母亲戚中有些很有背景的人物；比如你无意中认识一些有能力的朋友；比如你家里可以直接给你一大笔钱用作投资创业；比如你所在学校是名牌，口碑很不错；比如你所学的专业刚好市场稀缺等。

还有些我们中职生的通用优势也会在求职中获得青睐。比如：年轻；有好奇心而且愿意尝试并接受新鲜事物；渴望挑战；学习能力较强；受过较系统的专业训练；连续几年的集体生活养成较好的集体意识，等等。

2. 劣势（Weakness） 劣势，是指我们中职生欠缺和不足的地方。寻找劣势，不是让我们变得更自卑、更沮丧，而是让我们在求职前事先了解自己能做什么、自己最好不要做什么、可能遇到什么麻烦，等等。在懂得做加法之前，应学会做减法，这样可以帮我们减少挫败的概率，这对于我们制定职业生涯战略规划的意义也非常重大。常见的劣势有：不善言语、害羞、粗枝大叶、知识贫瘠、学校毫无品牌可言、专业冷门或太过热门等。

另外，中职生较常见的普遍劣势有：缺乏经验，自我期望较高并因此造成在职的不稳定性，学校的知识和技能很可能比较陈旧而不适用于医院，现代中职生在生活中可能养成的许多不良习气，如懒散、易抱怨、不关心他人及其他基本素质方面的问题等。

3. 机遇（Opportunities） 机遇就是契机、时机或机会，通常被理解为有利的条件和环境。宏观上包括国家的经济形势、产业政策、法律法规、各区域的产业发展态势、行业趋势等；微观上包括搜集到的来自各级各类医院、政府部门、人才市场、学校或学长们提供的各类有利的信息。尤其要关注新生的、或高增长预期的医疗细分市场领域；和自己专业或自身优势有关的边缘性、复合型职业领域；职业竞争者薄弱的医疗市场领域；国家强烈倾向的人才政策等利好信息；等等。

对于卫生职业学校的学生来说，机遇更多的是国家相关行业政策的出台以及各级各类医院的发展情况等。

4. 威胁（挑战）（Threats） 威胁包括人才市场竞争激烈；人才需求饱和情况；所学专业领域过缓的增长甚至衰退；新的低成本竞争者的出现；人才需求方过强的谈判优势；不利的政策信息；新提高的职业门槛等。也包括来自自身的，比如身体健康隐患、家庭不稳定因素、糟糕的财务状况及还款压力等。威胁这个词听着总让人有些不舒服，但如果我们能对此有所预防而别人不能，我们就先确立了一定程度的优势。所以，普遍存在的各类威胁也可能成为我们参与社会竞争的有利工具。

为了帮助同学们掌握这个有效的分析工具，我们举例来说明。张丽的基本情况是：1994 年 8 月出生，女，护理专业学生。2012 年卫生学校毕业。张丽运用 SWOT 工具对自己、对环境、对资源、对行业、对机遇以及潜在的威胁进行了一番客观、周密的分析，成功确定了自己的职业生涯发展方向（表4-4，表4-5）。张丽目前就职于某民营专科医院，工作环境很好，收入也不错。以下是她的 SWOT 分析法。

◇内部环境分析

表4-4 内部环境分析

优势 Strengths	劣势 Weakness
1. 对护理学有浓厚的学习兴趣，专业知识扎实，专业技能过硬。考取了护士资格证	1. 来自农村家庭，家庭年收入不高，需要赡养常年生病的奶奶
2. 性格乐观、积极、坚韧，善于与人沟通与交流	2. 做事不够果断，尤其事前做决定的时候老是犹豫不决
3. 富有极强的责任心，工作严谨、认真，执行力强。能够有计划地安排并完成所交付的工作内容	3. 组织能力和管理能力欠缺
4. 有一定的书面表达能力，逻辑思维能力较强	4. 尽管在校期间有所锻炼，但实践经验仍有待丰富

◇外部环境分析

表4-5 外部环境分析

机会 Opportunities	威胁 Threats
1. 2010 年 11 月，国务院向各部委下发《关于进一步鼓励和引导社会资本举办医疗机构的意见》；2011 年新医改，促进非公立医疗机构快速发展，构建多元办医格局，形成外部推力，激发公立医院改革动力	1. 距离毕业还有一年的时间，而距离找工作只有半年的时间，并且找工作的时候并不是用人单位用人高峰期，就业的机会不是很多
2. 专科医院数量近几年增速较快，明显快于平均增速，民营专科医院的比例也逐渐提升，2009 年占全国各级各类医院总数的 18.31%	2. 竞争对手来自各类医科大学的研究生、本科生、专科生，还有来自其他省市的同类卫生职业学校的应届毕业生
3. 学校社会声誉较好，和许多用人医院都建立了就业联系。很多医院也非常愿意招聘本校的优秀毕业生	3. 对该专业在校较多接触的是理论知识，实践经验欠缺

◇SWOT 策略分析

当我们把自身所具备的优势、劣势以及社会发展给我们所提供的机遇和威胁分析清楚之后，就要对这些影响我们职业生涯发展和人生定位的因素进行合理组合，找到适合我们发展的最佳方案，并在日常的学习生活中贯彻实施，使我们在众多的竞争者中能脱颖而出。

因此，张丽的职业生涯发展战略就可以确定为以下方案（表4-6）：

通过 SWOT 分析法的运用，我们对职业生涯环境进行了较为深入的分析，这个方法有助于我们弄清楚环境对个人职业发展的要求及影响。我们应该逐渐学会如何运用 SWOT 分析法对各种影响因素加以衡量、评估，从而为我们未来的职业生涯确定适合我们的人生坐标。

表4-6 张丽的职业生涯发展战略方案

利用社会机遇战略	改进自身劣势战略	利用个人优势战略	避免外在威胁战略
1.积极把握国家出台的政策红利,加强专业技能的训练与实践,积累更多的工作经验,努力提高自己的竞争力	1.积极参加一些就业的培训和招聘医院的宣讲会,锻炼自己,提高自己的自信心和决断力	1.现阶段多学习专业知识,加强护理操作技能联系,将来可以在此方面有所发展	1.多参加各类医学专业俱乐部或者社团,积极主动地向他人学习,提高自己的专业修养;多参加各种社交活动,增强与他人的交往和沟通能力,提高自己的自信心,构建良好的人际关系网络
2.多参加各类的招聘活动,为自己的就业创造更多的机会	2.利用自己乐观积极的工作态度和细心、耐心的专业精神,去迎接护理工作	2.以本身所具备的优秀品质及个人的职业素养(例如:具备较强的执行力)赢得用人医院的青睐	2.在医院实习期间,积极向各位前辈虚心学习,认真完成护士长交付的各项工作,在实践中提高自己的专业技能及实践经验

小 结

职业生涯环境是指作用于求职准备者的客观条件,它包括家庭环境、学校环境、社会环境等。这些环境在不同阶段影响着中职生。中职生如果能够正确认识并充分开发这些环境中孕育的优势条件,避免劣势条件的影响,就可以为我们中职生的职业生涯道路指明方向。

职业生涯环境是个人职业生涯发展的外部约束条件,只有充分认识到外部条件的影响,个人的职业定位才会更加合理和现实。否则,脱离现实的规划和定位只会给我们中职生带来打击和失望。所以,在制定个人的职业生涯规划时,要分析环境的特点、环境的发展变化、自己与环境的关系、自己在特定环境中的地位、环境对自己提出的要求或挑战以及环境对自己的有利条件与不利条件等。SWOT分析工具的优点就在于能够帮助我们理清思路,形成准确的职业生涯定位。

目标检测

一、填空题

1.学校环境分为(   )和(   )。

2.家庭软环境对我们中职生的影响有(   )、(   )、(   )和(   )。

3.学校环境分析包括(   )、(   )、(   )、(   )和(   )。

4.我们中职生应该具备的三种基本能力有(   )、(   )和(   )。

5.我们中职生身边的社会资源包括:(   )、(   )和(   )。

6.信息资源的特点是(   )、(   )和(   )。

7.获取信息资源的途径有:(   )、(   )和(   )。

8.我们中职生身边的人脉资源包括(   )、(   )和(   )。

9.SWOT是以下哪几个汉语词汇的简写(   )、(   )、(   )和(   )。

二、判断题

1.职业生涯环境包括家庭环境和学校环境两方面。(   )

2.家庭的地理位置不会对中职生的思维力、创造力以及综合素质产生重要影响。(   )

3.家庭软环境对我们的世界观、价值观、人生观没有影响。(   )

4.家庭的社会关系对我们就业没有任何影响。(   )

5.在职业院校里,我们应着重培养的是专业能力,非专业能力并不重要。(   )

6.方法能力是个人在家庭生活、职业生活和公共生活中,面对发展机遇以及各种要求和限制所作出的判断、分析、思考、行动和反思的能力和愿望。(   )

7.我们中职生身边的社会资源主要是指人脉资源。(   )

8.SWOT分析法是一种有效的自我分析工具。(   )

9.在校期间应该努力学习专业知识和技能,人际关系可以等到工作以后再去搭建。(   )

10.职业生涯环境对我们个人职业生涯发展很重要。我们不可能改变自己周围的环境,所以应该主动适应环境。(   )

三、单项选择题

1.一般来说,职业生涯环境包括(   )两方面
    A.微观环境和宏观环境　　B.家庭环境和社会环境
    C.社会关系和法律关系　　D.经济环境和技术环境

2.家庭环境是指以家庭这一社会群体为核心形成的(   )的总和
    A.物质条件和精神条件
    B.家庭软环境和家庭硬环境
    C.地理位置和经济状况
    D.道德品质和家庭凝聚力

3.(   )对我们未来的职业认知、自我定位、职业选择等方面会产生较为深刻的影响
    A.家庭硬环境　　　　　　B.家庭软环境
    C.家庭的社会关系　　　　D.家庭成员的期望水平

4.学校是根据(   )来设置专业的

A. 社会经济发展的需要　　B. 学校的要求

C. 校长的想法　　　　　D. 班主任的意见

5. 我们中职生需要培养的非专业能力包括(　　)

A. 专业能力和方法能力

B. 专业能力和社会能力

C. 方法能力和社会能力

D. 专业能力和非专业能力

6. 我们中职生需要培养的方法能力不包括(　　)

A. 更新、运用知识的能力

B. 选择、处理信息资料的能力

C. 思考能力、分析能力、创新能力

D. 社会交往能力

7. 我们中职生身边的社会资源不包括(　　)

A. 物质资源　　　　B. 信息资源

C. 组织资源　　　　D. 人脉资源

8. 信息资源的特点不包括(　　)

A. 重复使用性　　　B. 价值差异性

C. 组织资源　　　　D. 整合性

9. 我们中职生获取信息资源的途径不包括(　　)

A. 静态资料接触　　B. 信息资源

C. 动态资料接受　　D. 参与真实情景

10. 在我们中职生进行职业生涯定位时,最重要的自我分析的工具是(　　)

A. 静态资料接触　　B. 动态资料接受

C. 参与真实情景　　D. SWOT 分析法

四、简答题

1. 家庭环境分析包括什么?

2. 学校环境分析包括什么?

3. 我们中职生身边的社会资源包括什么?

4. 我们中职生身边的人脉资源主要包括哪些领域?

5. 在我们中职生进行职业生涯定位时常用的 SWOT 分析法是指什么?

五、案例分析题

赵强的父亲是一名中医大夫,多年来从事颈椎和腰椎的针灸康复理疗工作。因为技术好、人缘儿佳,得到了很多患者的好评和信任。赵强从小在父亲的影响下,就非常喜欢医疗行业,中学毕业后进入卫生学校学习康复护理专业。在校期间,赵强认真学习各门功课。寒暑假期间,赵强跟随父亲出诊,现场观察、学习中医的相关诊疗技能。这样一来,在父亲的实践指导下,赵强把理论与实践相结合,在专业认识及专业技能方面都得到了很大的提高。赵强在校期间一方面加入了学生会,和很多老师建立了较好的人际关系;另一方面赵强一直都非常关注医疗行业的发展动态以及国家的相关政策;此外,赵强还积极参加了本市举办的康复理疗协会。临近毕业,当大家正为找工作忙得焦头烂额时,赵强和父亲利用家里闲置的房产开了一家中医理疗诊所,收入和职业前景都很光明。

思考:赵强挖掘、合理运用了身边的哪些资源?

(杨雅静)

第5章 确定人生发展目标 制定科学发展措施

第1节 确定发展目标 结合实际进行选择

一、职业生涯发展目标的构成

实际上,我们要想在未来职业生涯中获得成功,首先应该进行职业定位,确定切合实际的职业目标,再把目标进行分解,然后设计出合理的职业生涯规划图,并且付诸行动,经过不断的努力和调整,直到最后实现我们的职业发展目标,获得人生最大成功。为了实现自己的职业理想,在进行职业生涯发展规划时,我们一定也会为自己设立各种目标,这些目标有的离我们很远,有的近在眼前。按照由远及近的顺序,我们可以将职业生涯发展目标分为长远目标、阶段目标和近期目标。

(一)职业生涯的长远目标

1. 长远目标的含义 长远目标,就是朝着职业理想指引的方向,所确立的最远期的奋斗目标。

2. 长远目标对人生的意义 长远目标不是马上就能实现的,是通过职业生涯的一步步努力而实现的。长远目标是一个人职业生涯发展的骨架,是决定

职业生涯规划成功与否的关键性因素。

长远目标离我们的人生理想最近,从某种意义上说,长远目标体现了我们为理想所做的最高设想,它可以成为我们追求职业成功的原动力。有了长远目标的支撑,我们往往能专注于某个专业的学习,会对某个职业产生认同感、责任感和使命感,甚至还会对某种事业充满自豪的光荣感,直至献身其中。

对于中职生来说,长远目标既可以是个奋斗方向、范围,也可以是具有激励作用的某个职业。但无论哪种类型,都应该符合社会发展的需要和本人的实际。只有经过认真分析而选择的结果,才能激励我们在学习阶段克服困难、创造条件、努力奋斗,也才能使我们避免随波逐流、浪费青春。

链接

有无目标的差别

　　哈佛大学有一个非常有名的关于目标对人生影响的跟踪调查。调查对象是一群年龄、智力、学历、家庭环境等条件都差不多的年轻人。调查结果显示：3%的人有清晰且长期的目标；10%的人有清晰但比较短期的目标；60%的人目标模糊；27%的人没有目标。哈佛大学的这一研究跟踪了25年，25年后被调查对象的情况呈现出了显著差别。3%有清晰且长远目标的人：25年来几乎都不曾更改过自己的人生目标。他们都朝着同一个方向不懈地努力，现在，他们几乎都成了社会各界的顶尖成功人士，他们当中不乏白手创业者、行业领袖、社会精英。10%有清晰但短期目标的人：大都生活在社会的中上层。他们的共同特点是，那些短期目标不断被达成，生活状态稳步上升，成为各行各业的不可或缺的专业人士。如医生、高级公务员、律师、工程师、高级主管等。60%有较模糊目标的人：几乎都生活在社会的中下层面，他们都安稳地生活与工作，但都没有什么特别的成绩。27%没有目标的人：几乎都生活在社会的最底层，他们过得很不如意，常常失业，靠社会救济生活，并且常常都在抱怨他人，报怨社会，抱怨世界。为什么这些条件差不多的年轻人，25年以后却发生了如此大的变化，存在如此大的差距，可以说有无明确的职业生涯发展目标，在其中发挥了重要的作用。

（二）职业生涯发展的阶段目标

　　1. 阶段目标的含义　阶段目标是根据个人的具体情况所做出的实现长远目标的具体计划。

　　2. 阶段目标的作用　职业生涯发展是有阶段性的。不同的阶段所面临的问题不同，目标也不同。

　　阶段目标的确立，是实现长远目标的重要保障。阶段目标介于近期目标与长远目标之间，起着承上启下的作用。一方面，阶段目标要服从长远目标，也就是要根据达到长远目标所要经历的台阶和所需要的时间，采用倒计时的方式一步步往回倒着设计，将长远目标分解为与之方向相同的一个个阶段目标；另一方面，阶段目标又与近期目标密切相关，近期目标的制定和更替是为不断实现阶段目标做准备的。

　　打个比方，阶段目标就是引领我们从眼前的近期目标一步步走向未来长远目标的"路线图"和"里程碑"。如果没有这些"路标"的指引，我们很难把眼前的学习、训练和未来的职业成功连接起来。因此，有无阶段目标，常常是我们判断职业生涯设计优劣的重要标志。

案例 5-3

　　在日本东京国际马拉松邀请赛中，名不见经传的日本选手山田本一出人意料地夺得了冠军。当记者问他凭什么取得如此惊人的成绩时，他说："凭智慧战胜对手。"在意大利国际马拉松邀请赛中，他又获得了冠军。记者又请他谈谈经验，不善言谈的山田本一回答的仍是那句令人费解的话："用智慧战胜对手。"

　　当时许多人并不理解这句话。这个谜终于被山田本一的自传解开了：每次比赛之前，他都要乘车把比赛的线路仔细看一遍，并画一幅赛程图，把沿途比较醒目的标志记下来，比如一个银行，一棵大树，一幢房子……并将它们设定为一一要攻破的阶段目标。比赛开始后，山田本一就奋力地向第一个目标冲去；等达到这个阶段目标后，他又向第二个目标冲去。40多千米的赛程，就这样被他分解成许多个小目标，一个一个加以"解决"。

　　在运动生涯初期，山田本一并不懂得这样的道理，而是把目标定在40多千米外的终点线上，一开始就如冲刺般猛跑，结果跑到十几千米时就疲惫不堪了。后来他懂得应用科学规划、细分目标来激励自己，终于取得了职业生涯的辉煌。

考点提示：阶段目标的含义、作用

（三）职业生涯发展的近期目标

　　1. 近期目标的含义　所谓近期目标，就是我们当前所面临的第一个目标。

　　"千里之行，始于足下。"再远大的事情也需要从眼前的事情做起，可以说，近期目标是迈向长远目标的第一步。万事开头难，做什么事情，第一步都是很重要的。第一步迈错了，虽然还可以从头再来，但是，可能会错过很多机会，浪费很多宝贵的时间。

　　2. 近期目标的特点："看得到，摸得着"　近期目标的最大特点就是只要自己努力就一定能实现，所以，近期目标一定是切实可行的，不仅看得到，而且摸得着。它常常表现为具体的行动，这里所说的行动是指包括工作、学习、教育、培训等方面的计划和措施。

　　近期目标是阶段目标和长期目标的具体化和现实化，是最清楚的目标，相对于长期目标和阶段目标，近期目标更具有灵活性和可操作性。它与阶段目标和长期目标相一致，是适应环境需求，切合实际，有具体的完成时间，有明确的过程和结果，确能实现的目标。

　　对于中职生而言，我们的职业生涯发展的近期目标就是对自己要学什么专业课程、参加什么技能训练，加入什么社团活动、阅读什么课外书等方面做出选择，并筹划好措施，以便保质保量、持之以恒地完成，使自己尽可能在正式步入某个职业前具有优秀的素质，为继续实现阶段目标、长远目标打下坚实的基础。

小飞的近期目标

小飞是一所省级旅游职业学校酒店管理专业的学生,他在老师的帮助下,对自己的未来发展做了详细的规划。下面是他职业生涯规划中近期目标的部分,也就是在校学习期间的规划。

(1)第一学年第一学期参加职业指导培训,在专业老师的指导下进行职业兴趣测评,了解自己,了解专业性质,明确职业方向,树立职业目标,制定"职业生涯规划"。

(2)第一学年第二学期参加全国计算机考试,获得计算机二级资格证书。

(3)第二学年第一学期参加酒店中级服务技能资格证考试,并获得证书。

(4)第二学年第二学期参加全国英语等级考试,获得二级英语等级证书;参加校内的日语培训班,能够进行简单的日常用语交流。

(5)完成两年酒店管理专业知识的学习,各科平均分不低于 80 分,为继续大专学历的学习打好文化基础。

(6)在校学习期间,全面发展,担任班干部、加入学生会,有意识地培养自己的管理能力,争取获得"三好学生"、"优秀干部"荣誉称号。

(7)参加学校每年举办的中西点服务技能大赛,争取获得"客户服务"和"餐饮服务"优胜奖;参加酒店服务知识大赛,丰富酒店服务知识。

(8)在第三学年的实习中遵守实习单位的规章制度,运用所学的专业知识,不断锻炼自己的综合能力,顺利通过实习,争取被评为"优秀实习生"。

(9)以优异的成绩毕业,争取获得"优秀毕业生"荣誉称号。

思考:说说小飞制定的近期目标有什么地方值得我们学习?

考点提示:近期目标的含义、特点

二、职业发展目标必须符合发展条件

(一)职业发展目标与个人条件

同学们从跨进中职校门的那一天起,已经站到了职业生涯的起跑线上。对于中职学生来说,你既是一个学习者,又是一个准"职业人",要想把握好自己的人生,就应该尽早规划自己的职业生涯。让我们通过认识自我,转变角色,明确方向,走出困惑心理,展望美好前途,重新扬起理想的风帆。

进行职业生涯规划,要从清晰地认识自己、了解自己开始,客观全面地认识自我是进行职业生涯规划的基础,知道自己的兴趣、性格、能力、特点,明确自己适合干什么,能够干什么……只有在正确地认识自我个性和自身条件的情况下,才能进行准确的职业定位并对自己的职业发展目标作出正确的选择,制订出适合自己的职业生涯规划。

只有能够实现的目标,才是好的目标,才能够真正起到目标的导向作用。那么,职业生涯发展目标如何设计和确定才是合理的呢?我们在确立目标时,必须要考虑自身条件和现实的社会环境,在充分、客观地认识自身的条件、现实环境及其变化的基础上进行有效规划。

因为每个人的自身条件是不同的,所以为职业理想而确定的职业生涯发展目标也是因人而异、多种多样的,正所谓"条条大道通罗马"。

在目标实现的过程中,我们常常会由最初设定目标时的"扬长避短"逐渐变为实现目标过程中的"扬长补短"。在此过程中,"现在的我"被不断地调适、丰富、改进、修正、提升,逐渐向"明天的我"靠近,随着阶段目标、长远目标的依次实现,一个"全新的我"也就顺理成章地被塑造成功。

对照心理学家设计的气质类型测试表(表 5-1),看看自己属于哪个类型,适合从事什么工作和职业。

表 5-1　气质类型测试

气质类型	气质特点	适合从事的工作	适合的职业
胆汁质	性情直率、开朗热情、精力旺盛,具有很高的兴奋性和较弱的自制力,情绪容易激动,易暴易怒。能以极大的热情投身于事业,有理想有抱负,勇敢积极,遇到困难不屈服,但精力消耗殆尽,往往情绪一落千丈而心灰意冷	适合从事竞争激烈,危险性和难度较大的职业,不适于持久耐心细致的工作	推销员、导演、运动员、节目主持人、演讲者、导游等
多血质	活泼好动、热情敏感、情绪丰富、反应迅速。喜欢接受新事物,兴趣广泛、善于交际、适应性强,但做事缺乏持久性,注意力容易转移	适合从事与人打交道的、多变和多样化的工作。不适合从事单调的、机械性的需要耐力和持久力的工作	如教师、医生、警察、驾驶员、运动员、律师等
黏液质	安静稳重,善于克制忍耐,情绪不外露,注意力不易转移,能够严格遵守既定的生活秩序和工作制度,但灵活性差,反应缓慢,容易因循守旧,墨守成规	黏液质的人适合做稳定的、按部就班的、需要忍耐力和持久力的工作	秘书、护士、资料员、出纳员、化验员、会计、保管员等
抑郁质	内向孤僻,反应迟缓,细心谨慎,缺乏果断,多愁善感,情绪体验深刻。不能够承受心理上太大的负担,优点是善于忍耐、专注、不易转移	不适合从事那些变化多端、当机立断的工作,而是适合于做耐心细致、脚踏实地的工作	档案管理、化验、打字、工程师、机要秘书等

（二）职业生涯发展目标与社会条件

1. 了解职业 对于初入校门的中职学生来说，了解职业基础知识，根据实际情况调整自己的就业观念，对职业作出正确的评价，是合理进行职业生涯规划以及实现顺利就业不可缺少的条件。

职业是人们在社会中所从事的、合法的、有稳定收入的工作，是人们生存和发展的手段。世界各国由于经济发展水平的差异，职业的种类各不相同。按照国际通用的产业分类，我国产业可以分为第一产业、第二产业、第三产业。第一产业包括农业、林业、畜牧业、渔业、水利业等；第二产业指工业，包括采矿业、制造业、建筑业等；第三产业是指服务业，是除第一、第二产业以外的其他各业，是为生产和消费提供各种服务的部门，主要包括流通部门、生产生活服务部门、文化科学教育部门等。

2. 了解环境 每个人都处在一定的社会环境之中，个人的生存、发展是个人适应社会、融入社会的过程。个人的职业生涯发展规划不是闭门造车，一定要符合社会条件；而规划的最终实现也要取决于特定的社会因素和社会条件。比如说，如果一个社会生产力水平低下，职业种类很少，人们选择职业的余地就小，职业生涯发展规划的空间也相应很小；反之，如果社会科技进步，生产力水平日益提高，新的职业不断产生，人们选择、设定职业发展目标的空间就会变得更加广阔。

职业生涯发展目标要适应社会条件，既包括适应国家经济社会发展的大环境，也包括适应个人发展的小环境。社会政治和经济形势、文化与习俗等大环境决定着我们可以选择的职业岗位的数量与结构，还决定了我们对职业的认定和职业生涯发展的规划与决策；而个人所在的学校、社区、工作单位、社交圈子等小环境则决定着我们具体的职业活动范围、内容，还决定了我们的职业方向选择和职业生涯规划的起点。

个人的职业生涯发展目标不是一成不变的，还要与时代的前进步伐相结合。只有紧扣时代脉搏，才能保证我们的职业生涯发展目标不落伍、不过时；只有对社会条件的变化有比较充分的了解，才能更有效地利用社会条件和各种新的政策，使自己的职业发展在纷繁复杂的社会环境中趋利避害。

3. 行业发展动向 个人职业生涯的发展与即将从事的行业发展动向密不可分，关注行业发展动向，是实现正确择业的保证和依据。以护理专业为例，按照卫生部要求，我国医院的医生和护士的比例应是1∶2，重要科室医生和护士的比例是1∶4。目前全国1∶0.61的医护比例远远达不到这一要求，与1∶2.7的国际水平相差很大，与发达国家1∶8.5的比例相差更远，医护比例严重失调，护士的数量远远不够。根据卫生部的统计，到2015年我国的护士数量将增加到232.3万人，平均年净增加11.5万人，这就为护理专业的毕业生提供了广阔的就业空间。同时，随着我国向老龄化社会转变，将来从事老年医学的人才也将走俏，家庭护士也将成为热门人才。充分了解行业的发展趋势，把自己的职业生涯发展融于行业发展之中，才能借行业发展提供的机遇发展自己。

三、职业发展目标的选择

职业生涯发展有直接影响。作为社会中的一员，只有适应环境的需要，才能充分发挥自己的优势。中职生要了解自己所处环境的特点、掌握职业环境的发展变化情况、明确环境对自己发展的有利条件和不利条件，详细估量环境的优势与限制，并在此基础上确定自己合理的职业生涯发展目标。

人的职业生涯可大致分为职业准备期、职业选择期、职业适应期、职业稳定期、职业衰退期和职业结束期。在职业生涯的不同时期，我们应当有不同的职业生涯发展目标，而且这些目标都不是一成不变的，也会随着年龄和职业经历的变化而随时调整。

职业生涯发展目标的选择，是关系着每个人的人生大事。这个问题对于尚未就业的年轻人和已经有了一定职业经历的人来说，都是必然要面对的。尤其是对于尚未就业的中职生来说，如果目标选择得当，就等于找准了人生的坐标，在未来的职业发展道路上就会少走弯路，事半功倍。

（一）从发展目标对从业者的素质，衡量本人自身条件与之匹配的程度

通过对自己的兴趣、性格、特长的认识和分析，找到自己的长处，将目标建立在自己的优势上。每个人的才能各不相同，目标选择不能偏离自身长处，否则便是自己和自己过不去，也为自己在前进道路上设置障碍。

目标不能过高，"够不着"的目标会让人丧失信心，挫伤人的积极性。但是目标也要有一定的高度，通过自己的努力拼搏才能够达到，这样的目标才会激发人的行动热情，实现之后才能让人产生成就感，才能真正地起到激励作用。

不同的人有不同的特点和优势。将目标建立在个人优势的基础上，就能左右逢源，处于主动有利的地位。要选择与自身长处相符或相近的目标。有的人选择目标违背了与自身长处相反的原则，而误入歧

途,他们的失误不是单凭自己的爱好,就是盲目追逐世俗的热点。例如 IT 行业比较热门也比较赚钱,但是它需要较高的智商和能力,我们的能力达不到;再例如有些行业是以牟取暴利为目的,但是违背了法律和道德原则,这两者都不可取。

(二)从发展目标可能的回报,衡量本人价值取向得到满足的程度

有时目标之所以不能实现,是因为太多的目标让人无所适从。所以,在选择职业生涯发展目标时应该明智地做出取舍,懂得什么该保留,什么需暂时放下,什么该彻底放弃。只有这样,才能做出正确的选择(图 5-1)。

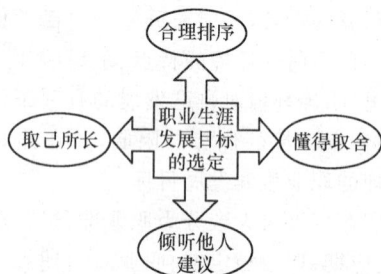

图 5-1 职业生活发展目标的选定

这一生,你想成为什么样的人?你具体想干什么?想成为哪一个行业的佼佼者?想有什么样的成就?想过上什么样的生活?家庭状况、健康水平、社会地位、经济收入,确定这些后,你的人生目标也就大致确定了。

目标越简明、越具体,就越容易实现,越能促进个人的发展。目标就像射击的靶子一样,清清楚楚地摆在那里。干什么,干到什么程度,要有明确具体的要求。比如,从事某一专业,到哪年,学习哪些知识,达到什么程度,都要明确、具体地确定下来。目标明确不仅指业务发展目标,而且与之相应的其他目标也要明确具体。比如,学习进修目标、思想目标、经济收益目标、身体锻炼目标等。这些目标也要有明确的要求。同时要做到互相配合、共同作用,促进个人的身心、生活和事业的全面发展。无论是什么目标都要有"时间"和"度"的要求。只有这两者完全结合,才能成为明确的目标。比如从事某一管理工作,在什么时间,达到什么能力,达到什么级别等。没有时间限制的目标是难以实现的,因此,目标要有明确的时间限制。

同一时期目标不宜过多,应相对集中。要实现人生目标,成就一番事业,须把目标集中到一个焦点上。集中一个目标,并不是说你不能设立多个目标,而是你可以把它们分开设置。具体说,就是一个时期一个目标,拉开时间差距,实现一个目标后,再实现另一个目标。

(三)从发展目标对外部环境的要求,衡量本人可能有的发展机遇与之相符的程度

对职业的选择,不是一厢情愿就能实现。每个人都生活在一定的环境中,环境对个人的可行的职业生涯目标起着很大的作用。

对社会发展大趋势问题的清醒认识,有助于把握职业社会需求,使自己的职业选择紧跟时代。个人的发展与组织的发展都离不开一定的社会经济环境。社会环境为人的发展提供了条件和可能性。当前我国社会正处在快速转型期,作为即将步入社会的中职生和希望谋求职业发展的人士,应该善于把握社会发展脉搏。这就需要对社会大环境进行分析。

1. 就业形势的分析　从我国目前的就业形势上看,一方面,需要就业的人数在逐年递增,另一方面,社会有效需求岗位却有明显增加,对于中职生而言,就业形势却很严峻。中职生的职业生涯规划,应该是正确面对当前就业形势的规划。在认清就业形势的基础上,树立起正确的就业观、择业观,这样才能顺应社会发展需要,实现个人的职业生涯发展目标。

2. 就业方针、政策的分析　目前,我国实行的是劳动者自主择业、市场调节就业和政府促进就业的方针,同学们要了解劳动力市场及其运作机制,树立双向选择、竞争上岗、多次就业的观念。了解与就业有关各项政策法规,如果我们对就业政策和制度缺乏了解,会导致就业的随意性和盲目性,降低择业的成功率。

链接

社会环境分析

社会环境的分析主要包括三个方面:一是社会政策分析,弄清社会上哪些是可以做的,哪些是不能做的;哪些事是现在可以干的,哪些是将来有潜力的;当前社会热点职业门类分布及需求状况;所学专业在社会上的需求形势;自己所选择职业在目前与未来社会中的地位;自己所选择的单位在未来行业发展中的变化情况,在本行业中的地位、市场占有率及发展趋势等。二是社会变迁与价值观念分析,了解当前社会、政治、经济发展趋势;社会发展对自身发展的影响;弄清信息化社会对生涯发展、人才成长、价值观念等的影响。三是科技发展的趋势及其影响分析,包括知识积累和补充、理论更新、观念转变、思维变革等产生的影响和发展的步伐。

考点提示:职业发展目标的选择从三方面衡量

第2节　构建发展阶梯　制定发展措施

一、阶段目标的特点和设计思路

(一) 阶段目标的特点

有无阶段目标是职业生涯设计优劣的重要标志。阶段目标设计得是否合理,是长远目标能否实现的必要前提。阶段目标具有以下特点。

1. 每个阶段目标都十分具体　这不仅指对某职位或岗位的目标定位,还包括实现目标需要具备的素质要求、弥补差距的措施、明确的时间界定等,能让我们确切地把握实现这一目标需要做出哪些具体的努力。

2. 每个阶段目标都有实现的可能性　让人感觉"够得着"、"有希望"。这可以让我们不会因目标遥不可及而丧失信心,也让阶段目标真正成为引路明灯。

3. 阶段目标有一定高度,有一定的挑战性　阶段目标不是轻而易举就能达到的,而是必须努力拼搏,"跳一跳"才能达到。这样既可以防止在原地踏步,避免出现懈怠,又能让人在目标实现后有成就感,起到激励作用。

4. 阶段目标之间具有关联性　一方面,各阶段目标都与长远目标在努力方向上密切关联,保持一致;另一方面,各阶段目标之间也彼此关联,前一个目标是后一个目标的奋斗基础,后一个目标是前一个目标的努力方向。

我们要想实现职业生涯的长远目标,就必须找到适合自己的职业生涯路径。而由长远目标一步步倒推出来的阶段目标就是在实现长远目标的道路上的一个个台阶。这些台阶排列组合在一起,就构成了一条通向长远目标的成功之路。

在这个成功之路上,一旦实现了一个目标,一个新的更高的目标又会出现。如果我们能以坚定和努力拼搏的态度面对它,迎接新的挑战,就会朝着另一个新的目标迈进。只要我们能坚持不懈地"拾级而上",终有一天,当我们站在阶梯的顶端,我们就可以与自己的长远目标"面对面"了。

考点提示:阶段目标的特点

(二) 阶段目标四要素

1. 是什么　即具体的职位、技术等。

2. 何时　即什么时候能达到。

3. 内涵　即该职位对从业者素质的具体要求,以及该职位对从业者可能有的精神、物质方面的回报或期望。

4. 机遇　即为了达到此目标应有的外部环境以及环境变化后的调节手段或备选方案。

(三) 阶段目标的设计思路

1. "倒计时"的设计思路　"倒计时"就是更具达到的长远目标所需要的台阶,一步步地回倒着设计。每个人的阶段目标各有不同,阶段目标的设计也因人而异。根据自己期望达到的标准,既可以按照时间段或自己的年龄段期望达到的标准设计自己的阶段目标,也可以按照知识增长、能力提升来设计阶段目标,还可以按照职业任职资格标准的提高设计自己的阶段目标。

虽然阶段目标的设计方法多种多样,但设计思路却比较相似,常常采用的是逆向思维,也就是"倒计时"或"往回推"的方式,即根据实现长远目标所需要的台阶、需要的时间、需要的知识等,由长远目标到近期目标,往回倒推着进行设计、规划。

> **链接**
>
> **"倒计时"的设计步骤**
>
> (1) 理清长远目标对从业者的要求。
>
> (2) 以"差距"为依据搭"台阶"。
>
> (3) 注明每个台阶对从业者的要求。
>
> (4) 为各阶段设一个简洁、明确、醒目、层次分明的标题。
>
> (5) 理顺各"阶段"的衔接。
>
> (6) 设定达到目标的标准。

2. 医学生各阶段目标的设计　职业生涯规划观念淡薄,是当代医学生的普遍特点。80%的医学生表示自己从来没有对自己的职业生涯作过正规的规划,只知道就业形势特别严峻,从进校开始就十分紧张,在感到不安的同时,并没有认真规划自己的职业前景。不少学生认为职业生涯规划可有可无,反正能否就业不是自己说了算,听天由命。有的学生认为,现在尚处于学习阶段,未来有太多的不确定因素,进行规划为时过早。这种想法造成的后果是学习的无目的性,荒废了宝贵的学习时光,错过了职业规划下有目的、有计划的人生发展的大好时机。

不少医学生在谈及职业生涯规划时,都毫不怀疑地认为,这是毕业生的主要任务,而处于其他年级的学生是不必为职业规划而"浪费"时间的,认为计划不如变化快,职业规划等到即将毕业时再做也不迟,其实这是一种误区。如果不从走进学校的第一天开始,就接受有关职业规划的理念,并在老师的指导下,逐渐形成自己的职业发展规划,到毕业真正面对就业问题时,就会陷入盲目状态,那时意识到自己在专业水平和能力方面存在的不足时,已经无能为力了,只会出现不知所措的尴尬和追悔莫及。事实上,不容乐观的就业形势也已经让一些医学生注意到,职业规划从进入校门起就应该作为重点工作来做,一方面通过规划选择适合自己兴趣与特长的生涯路线,另一方面还可拓展到职业修养、价值观等"内在"的素质培养。

有的学生是把就业、职业、事业混为一谈,甚至把就业和一生的事业发展画上等号。因此,在就业问题上显得优柔寡断,把就业当成一生中带有定格性的事情来对待,其实,这样既不利于就业的解决,更不利于长远职业生涯的规划,更谈不上事业发展。

链接
徐小平的人生职业三层次

　　职业生涯设计师徐小平认为,人生职业分为三个层次:第一层是就业,维持生存;第二层是职业,从事稳定的工作,满足基本物质需求;第三层是事业,这个层次不仅有丰富的物质生活,更有精神上的满足感。这三个层次逐步推进,逐步实现,并不能一步到位。所以,"先就业,后择业,再创业"正成为当代中职生的一种新就业理念。

　　下面是某卫生学校毕业生设计的职业生涯计划与措施检查表(表5-2),希望能给同学们一定的借鉴,引导大家科学规划和设计自己的阶段目标。

●职业生涯计划

　　☆一年级:确定目标,考虑毕业后是继续学习还是直接就业,以提高素质为主。打算毕业后直接就业的同学可以通过参加学生会和社会团体组织,还可以开始尝试与未来职业有关或与本专业相关的兼职及社会实践活动,提高自己的责任感、主动性和受挫能力,把主要精力放在学业上,同时也应注意自身综合素质的提高,以学业为重。

　　☆二年级:自我和环境评估并形成行动计划阶段,要对自身的优势和劣势进行客观科学的分析。查漏补缺,继续全面提高自己,做出合理的评估。选择就业的同学应有意识地增加与社会接触的机会,开展多种形式的社会实践活动,为自己的就业打下坚实的基础。与此同时,留意各种行业信息,并在确立目标方面形成初步的打算和计划。

　　☆三年级:进入实习阶段,这时以"职业人"的身份进入实习单位,在实习期间一定要遵守实习方的作息时间和规章制度,有些学生在家是独子,养尊处优惯了,一旦真正踏上工作岗位,又拈轻怕重,到头来空有一纸文凭,没有任何临床经验。"恪守医德,尊师守纪,刻苦钻研,孜孜不倦,精益求精",是我们每个医学生要牢记的口号。

表5-2　措施检查表

	具体计划	具体措施	起止时间	考核指标	目标完成情况
完成短期目标的计划与措施	考取执业护士资格,进入县及以上医院工作(合同护士)	认真完成实习,提高动手能力和实际操作能力,充分展示自己,抓住工作机会	2008.6~2009.6	拿到执业护士资格证书、顺利找到工作	√
	学习办公自动化	利用业余时间进修	2008.6~2009.6	考取办公自动化证书	√
	提高护理操作技能	在临床工作中多做、多看、多问、多听、多学	2008.6~2009.6	得到领导、同事肯定	√
完成中期目标的计划与措施	考取成人专科	参加成人高考	2009.7~2012.7	专科入学	√
	提高护理操作技能	努力工作,多做、多看、多问、多听、多学	2009.7~2012.7	得到领导、同事、患者的肯定	√
	参加事业单位公开招考	利用业余时间认真复习迎考	2012.10	顺利通过考试、成为医院正式编制的护士	
完成长期目标的计划与措施	参加本科学习	利用业余时间学习参加成人高考	2013.7~2016.7	本科入学	
	考取护师资格	利用业余时间学习参加护师资格考试	2013.6	拿到护师资格证	
	考取主管护师资格	利用业余时间学习参加主管护师资格考试	2018.6	拿到主管护师资格证	
	职位获得提升	努力工作得到领导和同事的认可	2013.7~2018.7	成为科室护士长	

二、制定近期目标计划并付诸实现

（一）近期目标的制定要领

近期目标就是在短期内能够实现的目标,如接受什么样的学习和培训、学习哪些特定的知识、做出什么成绩、晋升到什么职位等。制定近期目标的要领具体包括以下内容。

1. 脚踏实地,不好高骛远　人职匹配对于职业成功来说是非常重要的。选择职业不是想干什么就干什么,人在选择职业的同时职业也在选择人,每一种职业都对从业者有着不同的要求,我们要根据自身条件和职业的要求来选择适合自己的职业,不能好高骛远,不切实际。

案例 5-4

曾经有个人给自己定了个目标,要在有生之年赚取一百万元,但是他一无技术二无勤奋,他幻想通过向上帝祈祷中彩票中奖,于是每隔两天就要去教堂祈祷,而且他的祈祷词几乎每次都是同样的,"上帝啊,请念在我多年敬畏您的份上,让我中一次彩票吧。"但是每一次上帝都没有满足他的愿望,就在他濒临绝望的时候,上帝出现了,并对他说:"老兄,我实在没有办法帮你,最起码你要买一张彩票吧!"

这个故事告诉我们:一是制定目标要切合实际,不切实际的目标只能是空想;二是一个人在确定目标后,行动便成了关键,没有达到目标的行动一切都是空想。

2. 内涵充实,能激励斗志　制定近期目标不仅要表明需完成的任务、所能达到的状态,还要列出措施,并保证措施明确、得当、有可操作性,切忌空洞、不着边际。制定目标不必定得太高,要先从"稍加努力就能达到"的目标开始,使自己在攀登一个个台阶的初始阶段,能比较容易地品尝到胜利的喜悦,体验到成功的快乐,获得继续攀登的信心,增强向长远目标奋斗的决心。近期目标要符合个体的性格、兴趣、特长,并能产生内在的激励作用。设定的目标责任制要具有一定的弹性并可根据环境的变化进行调整;同时要有应对职业生涯环境、实现近期目标的条件等发生变化的备选方案。要有明确的时间限制及标准,以便进行检查和评估,为修正职业生涯规划提供可靠的依据。

3. 指向明确,有年级特点和专业特色　我们是刚刚接受完初中教育便进入职业学校,处在青年初期,面临人生的第二次学步的年轻学生。十六七岁是青春最美的花季,是人生的黄金时期,是人一生之中十分关键而又富有特色的时期。在这个时期,同学们的身心急剧地发展、变化、趋向于成熟;智力方面,正处在开发潜力,发展创造力的最佳时期。

职业技术教育是一种定向教育,从同学们跨入校门的那天起,各方面发展就打上职业的烙印,因此目标指向明确,而且进校以后就应该开始职业规划,一年级就可以把目标明确,指向首次择业的岗位,了解此岗位的职业资格证书,为以后上岗就业做准备。目标有了,方向有了,就要看自身的条件符合不符合,自身在哪里不足,职业资格证书要通过哪些努力才能考取。

对职业学校学生来说,面临的不再是升学的压力,而是毕业后择业竞争的压力。大多数学生通过一段时间的学习、生活,通过相应的专业教育,稳定了自己的专业学习兴趣,增加了兴趣的理智性,对专业前景从不了解到了解,从不热爱到热爱,但也存在以"将来是否有用"作为取舍标准的现象,根据主观想象,认为有用的就肯学、苦学、多学,认为关系不大的就少学、不学,容易出现轻文化基础课、重专业课,轻专业理论课、重技能操作训练的偏科现象。另外,与职业相关的心理品质得到了相应的培养,期望自己成为有用之人,能自觉地把当前学习与事业联系起来,立足于凭本事竞争上岗的思想,但也有一部分学生求功求利,羡慕虚荣,渴望有一份轻松体面的工作,把能否赚钱作为标准。面对现实中存在的不良现象,我们迫切需要老师的引导和帮助,从而坚定职业选择,制定明确的职业目标,走出误区、奋发进取。

考点提示:近期目标的制定要领

（二）围绕近期目标制定发展措施

1. 寻找发展差距,制定符合自身专业的近期目标计划

（1）思想观念上的差距:中职学生的价值观和人生观方面存在不少值得注意的问题,竞争意识和协作意识都不尽如人意。

据一项调查表明,有57%的学生认为人活着是为了实现自我价值,有19%的学生认为人活着是为报答父母,还有6%的人认为人活着是为了吃喝玩乐,还有小部分人认为是为了其他;有60%的学生认为现代社会应提倡积极奉献,正当索取,18%的学生认为应只讲奉献不讲索取,还有4%的学生认为应只讲索取不讲奉献,还有小部分人选择其他;当问及对金钱的看法时,42%的学生认为钱只要够花就行,32%的学生认为没钱是万万不能的,11%的学生认为钱越多越好,还有9%的学生认为钱是万能的。

从上面的调查结果来看,如今中职学校的德育课,在世界观和人生观的教育方面正受到多元化的

冲击,特别是社会上各种各样的价值观直接影响着学生人生观的形成。从调查的结果来看,中职学生的价值观和人生观方面还存在不少值得注意的问题。

中职生的竞争意识和协作意识都不尽如人意,这与我们如今的教育制度、教育观念有着密切的关系。中职生都是一些没有考进普高的落第生,在升高中的考试中,他们饱受失败的滋味;而社会以及家长甚至有些职校的老师,都普遍地认为中职生不如普高的学生。在多重压力之下,导致大部分中职学生也自己承认比别人差,产生了破罐破摔的思想,抱着到学校混日子的想法来学习,因而学习积极性不高,竞争意识和协作意识较弱,这是一个值得我们深思的问题。

(2)知识和能力差距:职业中专学生,在接受知识、理解知识的能力方面与普高生相比存在一定差距,但他们思想活跃,在生存和发展能力方面有很大优势。应对职业中专学生的这些优势予以侧重培养,将会大大提高学生们驾驭知识的能力,从而弥补其知识容量小的不足。可以侧重从以下几个方面进行培养:

1)培养学生的写作能力:写作能具体反映一个人的基本素质和逻辑思维能力及运用语言的技巧。我们鼓励学生努力提高自己的写作能力。①多读书、读好书,充分利用能挤出的每一点时间,阅读大量的好文章,以提高阅读能力,积累语言词汇。②多思考,多分析好文章,多构思好文章、多用脑,善用、多思,则能培养人的逻辑思维能力。③多写作,只有理论基础,不进行写作实践,要提高写作水平,只能是一句空话。只有理论基础与写作实践充分结合才能有效地提高写作水平,更好地培养人的写作能力。

2)培养学生的社会交际能力:应积极培养学生的社会交际能力,为学生多创造锻炼社交能力的机会。①多阅读有关书籍,借鉴别人的成功经验,从书本学习社交语言和了解各种场合下的不同礼仪。②增加锻炼机会,多接触社会,多与人交往,多参加学校组织的各类演讲比赛,增强临场应变能力和语言表达能力。

(3)心理差距:中职学生是一个特殊的群体,正处于一个生理、心理都发生巨大转变的关键时期,由于种种原因,他们在学习成绩方面与大多数高中生相比有较大差距,而更显著的差异是在学习动机、情感及意志个性等方面,具体表现是教学中学生根本不听课或者听不懂课,教师在组织教学活动时困难重重;班级管理中教育和管理的难度很大,学生经常出现各种违纪现象甚至违法。

🔍**链接**

中职学生普遍具有的心理特点

(1)做事缺乏耐心,自信心差:中专学生自信心差,不敢大胆地做事,总认为自己不可能把事情做好。一件事情即使做了,也不能坚持下去,一有困难挫折就灰心丧气,无法用一种积极向上的态度对待自己,严重的甚至自暴自弃。

(2)以自我为中心,逆反心理较强:由于思考能力不强,无法从全局来看待事情,中专学生的自我意识太强,凡事以自我为中心,把自己的利益看得很重,不顾及集体利益。在接受老师和家长批评教育过程中容易产生逆反心理,有时会故意和师长对着干。

(3)情绪不稳定,自我控制力差:高兴时做什么都好,不高兴时什么都不想做,哪怕知道应该做的也不做,情绪起伏大,而对自己要求又不高,经常不看场合,不考虑个人形象任意而为,违反校纪班规的事情时有发生。

(4)心灵空虚,追求新奇刺激的事物:因为缺乏明确具体的奋斗目标,又没有生活负担,吃穿不愁,中专学生普遍感觉生活无聊,于是通过上网、抽烟、早恋等方式来消磨时间,填充空虚的心灵,有的甚至因此而酿成大错。

2.实现近期目标的四个途径

(1)瞄准目标,有效行动:有效行动,说的是行动要始终围绕目标进行,就像北京奥运会上的射箭冠军射箭一样,无论从哪个方向射,无论怎么射,都要对准靶心,一旦发觉箭头偏离靶心,就要及时调整心态,纠正姿势,使自己的行动成为有效的行动。要做到这一点,就要制定强有力的措施对自己的行动加以强化和约束,集中时间和精力向目标发起进攻。

(2)脚踏实地,忍耐坚持:对我们来说,"水滴石穿"、"铁杵磨成针"是耳熟能详的。可是在现实生活中,总有不少人有一种浮躁的心态,医治这种不良心态的最好办法就是修炼自己的"恒心""决心"与"耐心",学会做任何事情都脚踏实地、循序渐进地进行。特别是在别人都已停止前进时,你仍然坚持着;在别人都已失望放弃时,你仍然进行着。只有具备这种忍耐与坚持的能力,才能实现目标。

(3)灵活机动,迂回前进:职业生涯发展目标的实现,一方面靠苦干、实干,另一方面也需要灵活机动。特别是当今时代,一切因素都处在变化之中,变化是永恒的主题。职业生涯规划不可能脱离现实,也要与时俱进,根据内外环境的变化及时进行修改、调整,有的目标甚至不得不放弃。之所以放弃,是因为我们还有别的选择机会。选择和放弃是一堂人生的必修课,是我们在社会生活中应该掌握的生存艺术。人生有多少选择,往往就有多少放弃。选择和放弃是相辅相成的。放弃不等于失败,明智的放弃胜过盲目的执着,古人说"识时务者为俊杰",只有积极、主动地顺时应变,才能立于不败之地。

链接

时间管理原则

人生最宝贵的两项资产,一项是头脑,一项是时间。无论做什么事情都要花费时间,因此,管理时间的水平高低,会决定一个人事业和生活的成败。每个星期有168个小时,其中56个小时在睡眠中度过,21个小时在吃饭和休息中度过,剩下的91个小时则由你来决定做什么——每天13个小时。如何根据你的价值观和目标管理时间,是一项重要的技巧。它使你能控制生活,善用时间,朝自己的方向前进,而不致在忙乱中迷失方向。

(1)保持焦点:一次只做一件事情,一个时期只有一个重点。我们中职生要学会抓重点,远离琐碎的杂事。把精力用在最见成效的地方,用80%的时间来做20%最重要的事情。

(2)马上行动:状态是干出来的,而不是等出来的。最佳时机是需要把握的,不能等待。

(3)学会说"不":不要被无聊的人和无关紧要的事缠住,也不要在不必要的地方逗留太久。一个人只有学会说"不",才能获得真正的自由。

(4)集腋成裘:把生活中零散的时间充分利用起来做一些事情,从而提高工作效率。

(5)暂时搁置:不要固执于解决不了的问题,可以把问题记下来,让潜意识和时间去解决它们。

(4)管理时间,有效利用:结合前面的时间要素,这里强调要学会有效地运用时间资源,对我们有效地达成个人的目标极其有益。时间是可以支配并需要管理的,时间管理是学业、事业成功的关键。合理地利用时间,才能使它发挥最大的效力。有效管理时间,不仅仅是节省时间,而且要能够认识到时间的重要性,从而充分利用时间。时间管理的本质是自我管理,即事前要有计划或长期的规划,改变个人习惯,以使自己更有效率。培养时间管理意识,就是要排除无益于目标的活动,做好以结果为导向的目标管理。

考点提示:实现近期目标的四个途径

小 结

(1)了解长远目标、阶段目标、近期目标的含义、特点
(2)理解职业发展目标必须符合的发展条件
(3)掌握职业发展目标的选择如何衡量
(4)理解阶段目标的特点和设计思路
(5)掌握近期目标制定要领和实现途径

目标检测

一、填空题

1. 职业生涯目标按照由远及近的顺序,我们将职业生涯发展目标分为( )、( )和( )。
2. 阶段目标四要素包括( )、( )、( )和( )。
3. 人的职业生涯大致分为( )、( )、( )、( )、( )、( )不同的时期。
4. ( )就是沿着职业理想指引的方向,所确立的最长远的奋斗目标。
5. ( )是根据个人的具体情况所作出的实现长远目标的具体计划,介于近期目标与长远目标之间。
6. 职业生涯发展目标必须符合( )和( )。
7. ( )是实现长远目标的重要保障。
8. 近期目标是阶段目标的( )和( )。

二、判断题

1. 职业生涯的发展史有间断性的,不同的阶段所面临的问题不同,目标也不同。( )
2. 我们毕业后的方向已明确,因此无须制定自己的职业发展措施。( )
3. 职业生涯目标已定,无须与时代步伐相结合。( )
4. 要想正确选择职业生涯目标,必须在职业生涯中每个阶段都要付出努力,并且掌握科学的学习方法。( )
5. 在一系列的阶段目标中,离我们最近的就是近期目标。( )
6. 职业生涯的规划,是毕业生的主要任务,而其他年级的学生无须在此浪费时间。( )
7. 制定职业生涯规划措施是,第一阶段的目标要模糊,第二阶段的措施要具体。( )
8. 不同年级的职业学校的学生,对于近期目标的选择无区别。( )
9. 只有能够实现的目标才是好的目标,才能够真正起到目标的导向作用。( )
10. 发展目标不需要发展条件。( )

三、单项选择题

1. 阶段目标是通向长远目标的( )
   A. 跑道 B. 方向盘
   C. 阶梯 D. 指南针
2. 所有的阶段行目标都指向( )
   A. 发展目标 B. 长远目标
   C. 短期目标 D. 近期目标
3. 实现长远目标的重要保障是( )
   A. 阶段目标 B. 眼前目标
   C. 近期目标 D. 人生目标
4. 近期目标是阶段目标的( )
   ①着陆点 ②控制点 ③终结点 ④启动点
   A.①② B.①③ C.②③ D.①④
5. 即使是阶段目标,在现实生活中也往往不能( )
   A. 顺利实现 B. 发挥作用
   C. 脉络清晰 D. 一步到位

6. (　　)是一个人职业生涯发展的骨架,是决定职业生涯规划成功与否的关键性因素。
   A. 长远目标　　　　　　　B. 近期目标
   C. 阶段目标　　　　　　　D. 规划目标

7. 从实际出发选择具体的职业时,要注意的几个方面是(　　)
   ①实现目标的现实性　②实现目标的曲折性　③实现目标的灵活性　④实现目标只能凭主观想象
   A. ②③　　　　　　　　　B. ②③④
   C. ①②③　　　　　　　　D. ①②

8. 要实现职业生涯发展目标,必须强化时间观念,从(　　)做起,尽早规划人生。
   A. 入学　　　　　　　　　B. 就业
   C. 现在　　　　　　　　　D. 积蓄一定实力时

9. 职业学校学生在构建发展台阶后,必须围绕(　　)做好发展条件补充分析。
   A. 长远目标　　　　　　　B. 近期目标
   C. 阶段目标　　　　　　　D. 规划目标

10. 下列不具备阶段目标特点的是(　　)
    A. "跳一跳"　　　　　　　B. "够得着"
    C. "很具体"　　　　　　　D. "较模糊"

四、简答题

1. 阶段目标的特点是什么?
2. 近期目标的制定要领是什么?
3. 实现近期目标的途径有哪些?

五、案例分析题

一根鱼竿和一篓鱼

从前,有两个饥饿的人得到了一位长者的恩赐:一根鱼竿和一篓鲜活硕大的鱼。其中,一个人要了一篓鱼,另一个人要了一根鱼竿,于是他们分道扬镳了。

得到鱼的人原地就用干柴搭起篝火煮起了鱼,他狼吞虎咽,很快连鱼带汤吃了个精光。几天后,他就饿死在空空的鱼篓旁。另一个则提着鱼竿继续忍饥挨饿,一步步艰难地向海边走去。可当他已经看不到远处那片蔚蓝色的大海时,他浑身的最后一点力气也使完了,他只能眼巴巴地带着无尽的遗憾撒手人间。

又有两个饥饿的人,他们同样得到长者恩赐的一根鱼竿和一篓鱼。只是他们并没有各奔东西,而是商定共同去找寻大海。他俩每次只煮一条鱼。经过遥远的跋涉,他们来到海边,从此两人开始了以捕鱼为生的日子。几年后,他们盖起了房子,有了各自的家庭、子女,有了自己建造的渔船,过上了幸福安康的生活。

读了上述材料后,你有什么感受和体会?

(李　英)

第6章 做好就业准备 尽快融入社会

第1节 树立正确的就业观念 做好就业准备

就业观是人们在就业方面的根本性的观念，它对人们的就业选择、从业行为具有导向和动力作用，对人们的职业生涯发展有着决定性的影响。正确的就业观是成功就业的前提。那么，当代中职生面对严峻的就业形势，应当树立什么样的就业观呢？

一、我国的就业形势

（一）我国就业形势严峻的主要原因

1. **客观原因** 改革开放30多年，我国经济快速发展，在工业化、城市化、市场化、国际化的进程中，涌现出大量的企业，为劳动者提供了一定的就业岗位，然而由于经济结构亟待调整，与迅猛增长的劳动力供给量相比，就业岗位的增加依然显得"步履沉重"。在现有的经济格局下，市场供求之间存在巨大的差距。

2. **主观原因** 一是技能型人才缺乏，毕业生的实践操作能力远远低于其应试能力；二是毕业生的工作经验和综合素质均不能达到用人单位的要求；三是毕业生的预期收入与用人单位提供的工资之间存在匹配上的困难；四是毕业生大多愿意选择在发达地区、高薪部门就业，愿到欠发达地区工作的较少。

链接

信任铸就成功

美国新泽西——曼哈顿航线的老板兼A-P-T卡车运输公司的总裁阿曼·因佩拉托雷在回忆自己的过去时说道："我10岁那年正是经济大萧条时期的1935年，我在街角的一家糖果店工作。一天，我在桌底下拾到15美分并把它交给了老板。老板扶着我的双肩承认，钱是他故意放在那儿的，以此看我能否值得信任。后来，我一直为他工作到上完高中，我知道我的诚实使我在美国经济最困难的时期保住了自己的工作。在后来的年代里，我干过多种工作，侍者、停车场的服务员、房子清洁工等，现在回想起来自己在糖果店学到的关于信任的一课，是使我同别人一起工作和创建事业并最后取得成功的关键。"

（二）医学生面对的就业市场

现代卫生服务形式为医学生就业提供了广阔的舞台。随着社会的进步，人民生活水平的提高，对生活质量和生命健康更加重视，医疗服务的价值将进一步显得突出，社区服务、全科医生、家庭护理、计划生育以及临终关怀等现代卫生服务形式将随之出现，为医学毕业生就业提供了广阔的舞台。医学相关行业的飞速发展是医学毕业生就业的新天地。随着社会主义市场经济的深入发展，许多与人的生命、健康、体育、康复有关的预防、保健、咨询、经营、推销、审核等单位将蓬勃兴起。事实上，在药品推销、医疗保险、医疗咨询、医疗器械推广等方面的成功人士，不乏大量的医学毕业生。医学模式的转变，医学人文学科需要医学人才参与学科建设。在医学模式由传统的生物医学模式向生物—心理—社会医学模式转变的过程中，医学与其他学科产生了交叉和融合。整个社会对医学社会学、医学法学、医学经济学、医学美学、医学心理学和医学伦理学等学科的人才需求量将大大增加。这些学科的建设和发展需要大量懂得医学的高级人才，医学毕业生自然是首选对象。因此，医学生需要转变就业观念以适应新的就业机会。

二、树立正确的就业观念

许多毕业生根本没有真正意义上的职业生涯规划，即使有规划，也不够全面、系统，不能充分了解自己的个性、兴趣和能力，更不能清楚地分析自己职业发展面临的优势和劣势，所以造成毕业生就业有很大的盲目性，如何能够兼顾社会需求、兴趣爱好和未来的发展空间，这就需要我们不断更新择业观念，做好就业前的思想准备工作。

（一）树立勇于面对竞争的观念

树立竞争就业的思想，需要不断充实和提升自己。当前，人才的竞争更加激烈。人们常常抱怨自己的运气差，有些机会知道得晚了一步，好的职位被别人占掉了，对此，我们要知道"上岗凭本事，提拔靠贡献"的道理，树立竞争就业的思想，不断学习新的知识与技能，不断提高自身的素质，把自己培养成为适应社会需要的优秀医药人才。

案例 6-1

玛格丽特·撒切尔是一个享誉世界的政治家,她有一位非常严厉的父亲。父亲总是告诫自己的女儿,无论什么时候,都不要让自己落在别人的后面。撒切尔牢牢记住父亲的话,每次考试的时候她的成绩总是第一,在各种社团活动中也永远做得最好,甚至在坐车的时候,她也尽量坐在最前排。后来,撒切尔成为了英国历史上唯一的女首相,众所周知的"铁娘子"。要想成就一番大的事业,就要具备"永远争做第一"的竞争意识。

链接　勇于面对竞争的观念

勇于面对竞争的观念包括:①要树立强烈的竞争意识;②要培养雄厚的竞争实力;③要坚持正确的竞争原则;④要保持良好的竞争心态。

(二) 树立"先就业后择业"的观念

我们要转变思想观念,打破一步到位、一次选择定终身的观念。在进行职业选择时要避免好高骛远、过分挑剔,树立"先就业后择业"的观念。在这里我们强调的是"先就业后择业"需要毕业生注重社会经验和实践能力的培养,这样才能为今后的进一步发展和再一次择业打好基础、做好准备;而非毕业后打着"先就业后择业"的旗号,到处打短工,因用人单位或个人原因频繁变换工作岗位,时而应聘,时而解约。

案例 6-2

某位对电脑情有独钟的男士一直很优秀,毕业后的目标是成为一名电脑技术人员。去一家电脑公司面试,同时竞争的另有两位男生,一位来自清华大学计算机系,一位来自北京交通大学计算机系。老板一视同仁,给的试用期是三天,工作是卖软件。清华的男生当即就放弃了。三天后,北京交通大学的竞争对手也主动放弃。最后他留在了岗位上,做了一个月软件销售员之后,成了这家公司的一名技术人员。堂堂计算机系的本科生,只是做营业员的工作,与自己的目标实在差得太远。碰到这种情况,也许很多人不能保证自己不会像清华大学、北京交通大学的男生那样主动放弃这份工作,原因很简单,仅仅是跨不出自己给自己划的圈。

仔细想想,这位朋友的做法是明智的。他说:"我一直告诉自己:我要做一名技术人员,而不是营业员。但是,既然有这份与电脑有关的工作,为什么要放弃?我应该把握它,并做好它。"的确,因为觉得"屈就"而放弃,我们经常会如此选择。其实,哪来那么多"一步到位"?每个人都可能有自己理想的工作目标,希望一步登天式地找到理想中最好的工作,结果却是放走了很多一步一个脚印的机会。不如把自己放在低一点的位置,"屈就"只是一种"积淀"。退一步,说不定是更广阔的天地。

(三) 树立自主创业和终身学习的观念

在就业过程中我们要充分发挥自己的能动性、创造性,不能总是依赖学校和家长,而是应该自己到就业市场去观察、体验实践。我们还应具有自主创业的精神,在有了一定的条件、经验、人脉等资源的积累后,开创自己的事业,寻求职业生涯的大发展。

案例 6-3

在奥斯维辛集中营,一个犹太人对他的儿子说:"现在我们唯一的财富就是智慧,当别人说一加一等于二的时候,你应该想到大于二。"纳粹在奥斯维辛毒死了几十万人,父子俩却活了下来。1946 年,他们来到美国,在休斯敦做铜器生意。一天,父亲问儿子一磅铜的价格是多少?儿子答 35 美分。父亲说:"对,整个得克萨斯州都知道每磅铜的价格是 35 美分,但作为犹太人的儿子,应该说 3.5 美元。你试着把一磅铜做成门把看看。"20 年后,父亲死了,儿子独自经营铜器店。他做过铜鼓,做过瑞士表上的簧片,做过奥运会的奖牌。他曾把一磅铜卖到 3500 美元,他已经是考麦尔公司的董事长。

然而,真正使他扬名的,是纽约的一堆垃圾。

1974 年,美国政府为清理给自由女神像翻新扔下的废料,向社会广泛招标。但好几个月过去了,没人应标。正在法国旅行的他听说后,立即飞往纽约,看过自由女神像下堆积如山的铜块、螺丝和木料后,未提任何条件,当即签了字。纽约许多运输公司对他的这一愚蠢举动暗自发笑。因为在纽约州,垃圾处理有严格的规定,弄不好会受到环保组织的起诉。就在一些人要看这个得克萨斯人笑话时,他开始组织人对废料进行分类。他让人把废铜熔化,铸成小自由女神像;把水泥块和木头加工成底座,把废铅、废铝做成纽约广场的钥匙。最后,他甚至把从自由女神身上扫下的灰尘都包装起来,出售给花店。不到 3 个月的时间,他让这堆废料变成了 350 万美元现金,每磅铜的价格整整翻了 1 万倍。

问题:

文中主人公"用智慧创造财富,以创意改变生活"。这种新型的创业观念对于我们年轻人树立正确自主创业观念有什么样的启示呢?

链接　名人名言

人是灵魂和肉体的结合,为的是凭借想象力的勇敢翅膀,以果敢去创造业绩。——雪莱

独辟蹊径才能创造出伟大的业绩,在街道上挤来挤去,不会有所作为。——威·布莱克

（四）树立在基层发挥作用的观念

由于传统观念的影响，毕业生和毕业生家长的心理预期过高，选地区、挑单位、讲待遇的现象明显，总是期望毕业后到医疗条件好的、待遇高的大医院就业，这样势必造成中职毕业生数量每年大幅度增长的同时，离校毕业生待业的现象开始出现，而且数量呈逐年上升的趋势，如何结合自身条件和优势进行科学的评估、合理的定位，成为毕业择业亟待解决的问题。

我们青年人应该树立正确的认识，应该正确认识到自己来到基层做什么、把自己摆在哪个位置。应该清楚自己来到基层就是要在基层中锻炼自己，充实自己，提高自身的能力，做好本职工作，为人民群众服务。随着国家基层医疗卫生事业的发展，乡镇卫生院、中心医院需要大量的医护人员，这无疑为我们提供了广阔的就业天地，所以，中职学校的学生不要总是把眼光放得太高，盯住大城市、大医院，而是要根据自身的学历条件，有的放矢地进行选择，面向基层，把眼光放得更广阔些，我们才可以在适合自己的舞台上发挥所长、尽情施展。

当前的形势下，毕业生都是朝着大城市、大医院去的，多人争抢一个职位的现象屡见不鲜，我们建议要采取就业策略，从最坏处着想，往最好处努力，可以选择中小城市或者大城市的小医院，甚至与医疗相关的产业先行就业之后再慢慢调整。同时，青年人应该多与基层人员交流，充分运用自己所学的知识来为工作服务，提高工作效率，使自身的所学能够得到充分的利用。

（五）树立发挥专业所长，但也注重综合素质的观念

在择业时首先要考虑所学的专业，根据专业特点谋求职业，以做到专业特点与职业要求相匹配，发挥专业优势；同时也要考虑综合素质和能力，一味强调专业对口，会使我们在激烈的竞争中失去很多机会。转变就业观念，是要树立行行建功、处处立业的新型择业观。

链接

研究生创业当猪倌

一位研究生，为了施展自己所学专业，不顾家人的劝阻，放弃在成都担任一家企业销售主管年薪14万元的岗位，2004年毅然回到家乡办猪场，当猪倌。他的五元杂交良种猪成了当地供不应求的品牌，受到外国商家的喝彩，不但为发展当地农村经济立了功，还建成了创新型的跨国企业。这位研究生就是四川省自贡荣县度佳镇复家塘村的唐忠华。

考点提示：当代中职生应该树立怎样的就业观念

三、掌握求职技巧

做事要讲究方法，掌握了行之有效的方法，就可以收到事半功倍的效果。求职也不例外，从开始求职到成功，每一步都有方法可循。

❀❀❀ 案例 6-4 ❀❀❀

刘敏从事某工作5年了，她总觉得这个职业的发展前景不佳。最近很多电视节目中都会出现心理咨询师的身影，她觉得这好像是份挺有趣的工作。为了进一步了解这个职业，她上网查询了一些资料，看到很多文章都把心理咨询师列为热门职业。又想起小时候看过的美国电视连续剧《成长的烦恼》，剧中的父亲就是一名心理咨询师，靠着这份工作的收入养活了一家五口。这样看来，心理咨询师既有趣又赚钱，真是一份理想的工作。于是，刘敏马上去考取了心理咨询师证书，接着辞职办了一个心理咨询工作室。然而，实际情况却和她获得的信息相差甚远，她惨淡经营半年亏损了不少，不得不关闭了这家公司。刘敏想着去应聘相关工作，但是她发现在国内，心理咨询师大部分都存在于医院和学校，而这些单位仅凭一张心理咨询师的证书是无法进入的。商业化运作的提供心理咨询业务的公司，多数规模不大，而且很多也只是聘请兼职的员工。一年之后，她只好又重新干起了原来的工作。

案例 6-4 分析

刘敏从媒体获取消息后，缺少对心理咨询师这一职业发展前提和中国国情的深入了解、具体分析导致了择业的失败。首先，心理咨询的发展必须依赖于较高的生活水准；其次，中国人对心理咨询有一定的误解与偏见；再次，在外国，很多的心理咨询项目被纳入了医保体系，费用是可以报销的。如果缺乏这些条件，心理咨询师就很难成为热门的职业。刘敏从网络和一些媒体获取信息后，并未做深入的分析思考，最终导致努力付诸东流而只好重操旧业。

（一）获取和整理招聘信息

信息是决策的重要依据，全面、准确的职业信息，能够确保我们做出正确的职业决策。如果求职者耳目闭塞、信息不灵，择业就如同盲人骑瞎马，很难找到理想的工作。因此，我们要重视信息的收集和整理。

获取和收集职业信息的渠道主要包括：职业介绍机构、招聘洽谈会、报刊、网络、自己的观察、亲友或校友的介绍以及学校就业指导部门的推荐等。在获取信息后，我们还需要对信息进行分类整理，找出对我们有价值、可利用的信息，摒弃那些无用的、错误的和虚假的信息。

职业信息的内容

（1）岗位信息：①招聘单位的具体情况，包括招聘单位的经营范围，管理规模，人事制度以及在同行中的竞争力情况等。②应聘岗位的要求，包括具体岗位的性质、任务、工作环境、条件以及对应聘人选的技能要求。③招聘单位的薪酬待遇，包括工资、奖金、津贴、福利以及医疗、养老保险等。

（2）培训信息：包括外语考试培训，计算机考试培训，职业资格考试培训等。

此外，一些择业指导书，择业技巧，择业方法的视频也可作为择业的参考信息，也属于职业信息的范畴。

（二）了解求职途径

1. 学校推荐　职业学校设有专门为同学们提供就业指导的部门，负责毕业生的就业工作。就业指导部门的老师有比较丰富的就业指导知识，能够给我们提供针对性强、适配度高的职业信息。

2. 实习就业　职业学校一般都会组织毕业生到一些单位去实习。在实习期间，不少同学因为努力工作和认真学习，而被用人单位选中。在职业生的就业中，这是一条"顺风直航"的就业途径。

3. 参加招聘会　当前，现场招聘会较多，这也是我们求职的重要途径之一。我们除了参加学校组织的校园招聘会外，还可以根据自身情况，有选择地参加一些社会的招聘会。

4. 网络求职　网上求职范围广，无区域和时间限制，快捷、高效、省时、省力、费用低，种种优势使得网络求职越来越受到求职者和招聘单位的青睐。

网络求职的常用网站

卓博网：www.jobcn.com

528招聘网：www.528.com.cn

中华英才：www.chinahr.com

智联招聘网：www.zhaopin.com

无忧工作网：www.51job.com

人才市场报：www.china91.com

5. 社会关系　在现代社会，社会关系网络对求职者来说，可能就是就业机会。父母、亲友往往能提供有用的职业信息，而且比较准确、可靠。已毕业的师兄师姐、学校的专业课程老师，也能够提供不少有用的职业信息。

（三）准备自荐资料

求职应聘自荐书是一种个人重要信息的汇集。一份完整的求职应聘自荐书应该包括以下几个部分：

（1）封皮：封皮要设计得美观、简单、大方，能够与你的求职意向相吻合。

（2）自荐信：自荐信要写得简单、明了，主要介绍个人基本情况、专业、学校、求职意向、技能、经验、性格与自我评价、祝福语等，联系方式附后，再加上标准公文格式。

自荐信范文

尊敬的领导：

您好！首先感谢您能在百忙之中浏览我的自荐信，为我开启一扇希望之门。我叫范晓蓉，是大同市卫生学校2010届护理专业中专应届毕业生。面对社会上纷繁错杂的就业岗位，我经过认真思考，做了一次慎重的选择，将贵医院作为我的第一就业目标。

在校期间，我始终积极向上、奋发进取。经过两年专业课程的学习，已具备了较为扎实的护理专业基础理论知识；实习中培养了敏锐的观察力，正确的判断力，独立完成工作的能力，严谨、踏实的工作态度，能正确回答带教老师的提问，规范熟练地进行各项基础护理操作。在生活中我把自己锻炼成为一名吃苦耐劳，热心主动，脚踏实地，勤奋老实，独立思维，身体健康，精力充沛的人。

由于我是一名应届毕业生，我深知自己的知识仍然停留在理论阶段，经验还比较欠缺，正因为如此，我更加迫切需要贵医院能给予我实践的机会，我愿意从基层做起，本着吃苦耐劳的精神发挥自己的专业所长，为患者提供最认真的医疗服务，为贵医院的发展贡献我的光和热！

希望您能透过这份自荐信看见一个充满活力，热情好学的未来白衣天使！愿您能给我一次面试的机会，渴盼贵医院的佳音，再次感谢您！

此致

敬礼

自荐人：范晓蓉

××××年×月×日

（3）简历的表格：表格设计一定要美观大方，字体字号要设计得合适，简历表格尽量放在同一页上，要写明个人基本情况、学业情况、实习经历、专业特长和求职意向五部分内容（表6-1和表6-2）。

表6-1 个人简历样式一

项目	具体内容
个人基本情况	列出自己的姓名、年龄、性别、籍贯、政治面貌、学校和专业等基本信息,此外还有健康状况、爱好与兴趣、联系方式等
学业情况	写明各阶段学习的起止时间,在中职学校所学主要课程及考核成绩,在班级所担任的职务,在校期间所获得的奖励和荣誉,考取的职业资格证书等
实习经历	包括实习单位的名称、实习内容、实习时间、从事工作的内容和性质等
专业特长	写出专业设计成果、专业比赛的奖项、实习中的创造发明,以及与招聘岗位相关的个人特长
求职意向	写明自己求职时希望得到什么样的工种或岗位,还可以写明自己的发展目标

表6-2 个人简历样式二

姓名	李莉	出生年月	1991.1
性别	女	毕业学校	大同市卫生学校
民族	汉	专业	护理
学历	中专	政治面貌	团员
籍贯	山西省大同市	培养方式	并轨收费
联系方式	电话:1593524＊＊＊ 0352－2053＊＊＊		
专业课程	内科护理 外科护理 基础护理 妇科护理 儿科护理 中医学 传染病学 五官护理 诊断学		
获奖证书	◆2008年5月获得"三好学生"荣誉称号 ◆2009年4月获得"三好学生"荣誉称号 ◆2009年4月获得计算机操作证书 ◆2009年7月全省护理实践技能操作考核获优秀奖		
社会实践	◆2009～2010学年度在大同市第三人民医院实习 ◆2010年8月起在大同康复医院工作		
自我评价	思想上积极要求进步,学习勤奋踏实,成绩优良,团结同学,尊敬师长,乐于助人,吃苦耐劳,为人诚恳老实,性格开朗,善于与人交往,有较强的动手能力,集体观念强,具有团队协作精神,创新意识		

（4）附上个人的成绩单、证书、资格证、荣誉证、毕业证等复印件。

链接

个人简历写作注意事项

一份有吸引力的个人简历是开启事业之门的钥匙。正规的简历有许多不同的样式和格式。这里介绍三条写简历的重要原则:

第一条原则是把简历看作一份广告,条理清楚地推销自己。最成功的广告通常要求简短而且富有感召力,把自己的学习、实习、实践、获奖等情况进行全面的整理,并形成条目式的清单,客观而精彩的介绍会迅速抓住招聘者的"眼球"。

第二条原则是陈述有利信息,争取成功机会,尽量避免在简历阶段就遭到拒绝。相应的教育背景,工作经历,以及技术水平,这些都会是应聘者在新的职位上取得成功的关键。应聘者应该符合这些关键条件,这样才能打动招聘者并赢得面试机会。

第三条原则是要突出重点。如果你的简历的陈述没有工作和职位重点,或是把自己描写成一个适合于所有职位的求职者,你很可能将无法在任何求职竞争中胜出。一个招聘者希望看到你对自己的事业采取的是认真负责的态度,所以要挑出适合目标单位和职位的最有说服力的成绩,并用适当的文字表达出来。

(四) 掌握面试技巧

在当今就业形式日益严峻的现实面前,求职应聘中必须具备的知识、素质和临场应变能力已经成为决定我们求职成功的关键。参加面试是求职择业必须经过的一关。那么在我们的学历和资格证件符合用人单位要求的前提下,怎样轻松面对这种双方面对面的交谈呢? 给招聘者留下良好的"第一印象"和具备一定的求职技巧是非常重要的。

1. 了解应聘单位的基本情况,树立求职自信心

在求职面试之前,对应聘的用人单位的情况应该有个大概的了解。对于自己应聘的科室职责也要心中有数。这样被问到相关问题或阐述自我观点的时候就不至于因为陌生而紧张,或言之无物或答非所问。一般来说用人单位对于应聘岗位都有较为具体的要求,如学历、年龄、资历等。所以在我们满足这些条件的前提下,一定要对未来从事的岗位的性质、职业要求有一定的了解,这样才可能在面试的时候有的放矢。

2. 以健康的形象、端庄的仪表赢得良好的第一印象 第一印象对于面试结果的影响是至关重要的。常言道:观其行,听其言。在我们踏入面试场所的第

一步,在我们未开口之前,我们的一举一动都被考官尽收眼底。那么应该从哪些细节入手呢?

(1) 微笑是全球通用的语言:进入面试地点,适当的微笑是必不可少的。这种发自内心的真诚会缓解自身的面试压力,也会使得会场沉重的气氛得到缓冲。

(2) 回答问题时要注视对方的眼睛:面试开始后,千万不要因为害怕而不敢抬头,记得请以真诚的目光示人,这不仅是最起码的礼仪,也会让用人单位感到你的沉着和镇定。而躲躲闪闪的目光会让对方感觉你缺乏自信。一个没有自信的人在今后的工作中如何有魄力地去开展工作呢?相反,从我们真挚而谦逊的目光中,面试官会更深刻地体会到我们对于用人单位的尊重。

(3) 大方的衣着、简洁的发型会赢得考官的好感:我们未来的职业是什么?是白衣天使,天使展示给人们的是纯洁的美丽,那种太过时髦的衣着、爆炸式的发型必然引起考官的反感,认为应聘者存在浮躁心理,注重打扮,不会安心本职工作,相反,大方、得体的仪表会取得用人单位的信任而赢得机遇。

3. 在面试时学会注意谈话的方式和技巧

(1) 语言适用恰当,回答问题要具体:说话时要口齿清晰,语言流利、平和,语调恰当,音量适中。语速过快会让对方感到紧张、压抑;而语速过慢会让考官不能集中精神,产生疲惫感;音量太低,含糊其辞的表达也必然让考官因为难以听清而失去兴趣。

回答问题时不能漫无边际侃侃而谈,要把握重点,条理清楚,简洁明了,如果夸夸其谈会让考官感到不被尊重,要摆正自己作为应试者的位置,我们要自信,更要谦逊,过多地炫耀会让人产生反感,让人觉得你过于骄傲,从而导致最终放弃录取自己。

(2) 把握谈话技巧,机智地化解难以回答的问题,缓解沉闷的气氛:对于难以回答的问题可以巧妙地一带而过,不露痕迹地引入自己熟悉的领域,回答完毕可以试问考官对自己的回答是否满意,并表明今后自己还要加强此方面的学习。

如果有两位以上的考官,一位总是默默不语,对于我们的回答始终不发表意见,这时,我们可以在阐述完自己的观点后,主动请这位考官谈谈自己的看法,从而引起转移焦点,缓解气氛的作用,也会令其他考官对你的机智刮目相看。

如果同时几个人参加面试,当其他面试者在场上发挥不好,导致面试陷入僵局时,而这个问题是我们擅长的,不妨主动请缨,化解尴尬的局面,从而博得考官对于我们机智和才干的认同。

链接

吴士宏的传奇求职经历

吴士宏,曾任 TCL 信息产业(集团)有限公司总经理,1985 年她为了离开原来毫无生气甚至满足不了温饱的护士职业,凭着一台收音机,花了一年半时间学完了许国璋英语三年的课程后,走进了世界最大的信息产业公司 IBM 公司的北京办事处。面试像一面筛子。两轮的笔试和一次口试,她都顺利地通过了。最后主考官问她会不会打字,她条件反射地说:会!"那么你一分钟能打多少?""您的要求是多少?主考官说了一个标准,吴士宏马上承诺说可以。因为她环视四周,发觉考场里没有一台打字机,果然,主考官说下次录取时再加试打字。事实上吴士宏从未摸过打字机。面试结束,她飞也似地跑回去,向亲友借了 170 元买了一台打字机,没日没夜地敲打了一星期,双手疲乏得连吃饭都拿不住筷子,她竟奇迹般地敲出了专业打字员的水平。就这样,在 IBM 中国公司工作的 13 年里,吴士宏从一个前台的接待员做起,一直做到 IBM 中国区经销渠道的总经理。1999 年 12 月 1 日她加入 TCL 集团有限公司,任 TCL 集团常务董事副总裁、TCL 信息产业(集团)有限公司总经理,直至 2002 年因病离开 TCL。

4. 注意面试开始前、结束后的细节　如果你是与同伴一起参加面试,在开始之前不应与同伴嬉笑打闹、大声喧哗,因为虽然面试还未开始,但如果考官对你产生了反感,后面的努力势必会竹篮打水。我们可以与同伴轻声细语聊聊接下来会涉及的应聘内容、专业知识,也可以各自准备开场白和可能被问到的问题来缓解情绪。

当面试结束后,我们走出考场时依然没有离开考官的视线范围,要始终保持自信、谦逊、落落大方的仪态,不要因为回答轻松而掉以轻心、沾沾自喜。

当然,面试中各种技巧是因人而异的,只有找到适合自己的方法才能事半功倍,虽然面试成功也只是刚刚敲开职场的大门,但只有大家掌握求职技巧,才能轻松获得进入职场的金钥匙。

第 2 节　警惕求职风险　培养良好的就业心理素质

一、警惕求职风险

由于社会就业形态的不断发展变化,一些非法劳务中介和别有用心的用人单位也不断变换陷阱和骗人花样。毕业生在求职时要注意到以下十种风险,避免上当受骗。

案例 6-5

2009 年 7 月底,本市某高校英语系大三学生小李看到某信息咨询有限公司在媒体上刊登的招聘广告后,决定应聘该公司的兼职英文翻译岗位。经过简单面试,小李交了 500 元押金和 50 元信息费,拿到一篇文章回去翻译。过了一个星期交稿时,小李得到了 80 元稿费,并又拿到一篇稿件回去翻译。再过了两个礼拜,小李致电公司准备交稿,可电话怎么也打不通,赶到公司,却发现办公室里黑灯瞎火,问大楼的保安,说公司已经搬走好几天了,去处不详。这下小李傻眼了。

(一) 瞒天过海,骗取费用

专以骗取报名费为目的的"皮包"公司仍然存在。他们"招工"时把职业吹得天花乱坠,先收取报名费。等你到了公司,又提出中介费、建档费、办证费、培训费等一系列费用。收完费后,就把工作的事一拖再拖,或者安排一些你根本无法接受的工作,让求职者白花钱。

链接 陷阱剖析——先培训、后上岗

眼下,常有一些单位打着招聘的名头骗取钱财。一般来说,这类单位总是常年在网上、报纸上发布"豆腐块"招聘广告,求职者前去应聘,便以"上岗费"、"信息费"等各种名义收钱。当然,为了获取求职者的信任,这类公司会编造种种"正当"的理由,如提供培训等变相收取钱财。与非法职介不同的是,这类公司的骗术相对更隐秘。一些公司在招聘时告诉求职者,要上岗,得先培训,培训合格拿到证书后才能上岗。而求职者交了培训费、考试费、证书费等种种费用,经过了几天像模像样的培训、参加完考试后,就陷入了漫长的等待期。过了一段时间,求职者致电公司询问,可能被告知"很遗憾,考试未通过,不能上岗",或电话根本打不通,公司不知去向。还有一些求职者拿到了所谓行业从业资格证,却发现不但无岗位可上,而且证书根本就是伪造的,或是早已废弃的证书。这类骗子公司通常会与一些培训机构联手,双方各取其利。

(二) 高薪招聘,无限诱惑

对不熟悉某些行业的求职者,开出极具诱惑力的薪水标准。然后,安排求职者超负荷工作,或从事违法和暴力活动。"保证年薪×万元以上"等条件,多是出现在以提成为主要收入的行业,最后能否实现,看求职者表现及能力,往往是苦干一场,离目标任务还差一大截。

链接 陷阱剖析——高薪诚聘的背后

一些"高薪诚聘"的诱人广告背后,隐含着的却是不良职业,这类情况如今屡见不鲜。"高薪诚聘"的行骗对象主要有两类:人生地不熟的外地求职者;涉世未深的大学生。从表面上看,这类招聘似乎不设门槛,面试程序非常简单,博取高薪轻而易举,其目的就是尽快骗你入套。求职者一旦掉入这类陷阱,损失的不光是钱财,还可能被误导从事非法的"地下"职业。就目前来看,常打着高薪名义招聘的不良职业主要有两种:色情服务业和传销。"高薪诚聘"虽然充满诱惑,但求职者也要多长个心眼,天上不会掉馅饼,求职者看到这类广告后不要急于上门应聘,不妨先通过电话等方式全面打听对方的情况。如果发现其中有不法嫌疑,马上向公安机关举报。

(三) 聘用内勤,拉入陷阱

开始以招聘行政、管理、文秘人员为名,等求职者上班后就安排为推销产品、联系业务,还没有保险金和底薪。这种受骗者即使辞去工作,也会有后续困扰缠身。

案例 6-6

朱女士去应聘某房地产租赁公司会计,招聘广告上标明月薪 3000 元。面试后对方告知张女士符合要求,已被录用。但按照公司惯例,行政部门的员工必须先在销售一线锻炼一段时间,熟悉情况后再转到会计岗位上工作。公司还给朱女士定了 2 万元的销售指标。朱女士此前从未担任过销售工作,没有从业经验,对于 2 万元业务额也就没太在意。等她辛辛苦苦跑了一段时间才知道,2 万元对新人来说根本就是不可能完成的任务。到了月底,朱女士要求公司支付薪水,公司却以"双方事先有约定,没有达到 2 万元业务指标不发薪水"为由,不发朱女士一分钱。朱女士辛苦了一个月,好歹也给公司做了近万元的业务,不但没有任何收入,却被告知"不能胜任工作"而遭解聘。事后朱女士了解到,这家公司一直在招聘新员工,招聘进来的人往往因完不成业务指标而被解聘。公司就这样不断靠新人拉业务,却不用支付一分钱的薪水。

(四) 身份诱惑,规避承诺

招工时先称要把应聘者培养成什么"师",然后要求交费进行课程培训,等培训完毕后,再拿出内部规定或特殊情况,让求职者白花一笔钱。

(五) 头衔修饰,名不副实

为了挣一笔考试费,故意把要招聘的职业修饰一

番,例如把保险推销员说成"财政计划者",把销售人员称为"业务经理",把勤杂工说"办公文秘",提高门槛,实施收费考试。

(六) 虚位以待,急聘相诱

大量张贴"急聘"、"大量招聘"等广告,表面上求贤若渴,实则虚张声势,通过超员招聘,在短期内进行所谓的择优录取,"剥削"求职者试用期内的劳力和努力。

链接

"注水"招聘信息

"注水"简历多,"注水"招聘信息也不少。名为招聘会计,实则招聘业务员;新人永远被认为"试用期不合格"而遭辞退;明明只有一个职位空缺,广告上却写着招聘 5 人……种种"注水"招聘让求职者深受其害。这类公司不直接以收取求职者钱财为目的,却变相让求职者免费为其提供劳动,或通过招聘向求职者销售产品等。这类骗局往往更加隐秘,骗局被识破的周期也比较长,且求职者受骗上当后也难以收集证据,相关部门监管比较困难。

(七) 条件宽松,疑有隐情

利用各种"条件不限"等字眼,吸引刚刚步入社会、自信心不强的求职者,最后让求职者吃亏。

链接

"注水"招聘虽然隐蔽,但往往有以下破绽:

(1) 招聘广告过于简单,没有岗位职责和应聘条件。

(2) 面试极为草率,面试官似乎对你的专业、能力不感兴趣。

(3) 刚面试完即被告知录用,但劳动合同却迟迟不签,被录用的职位与原先应聘的职位不符,对方还会提出种种不合理要求。

(4) 双方口头、书面约定的合同中有明显的不公平条款。

(八) 试工试人,期满走人

这种现象长期存在,形式不断变换。有的用人单位随意规定试用期长短,或者延长试用期,试用期一满,就找个理由将人辞退。

(九) 苦活累活,薪金难领

尤其是建筑工地等行业,承包者常以企业亏损、没有结算,资金不到位等为由,不给员工发工资,甚至卷款走人。

(十) 非法中介,拳脚相加

这些非法中介,不经劳动和社会保障部门批准私自设立,招聘广告贴满墙,可介绍的工作都是假的,骗取钱财才是真的。若有求职者找他们理论,还往往招致拳脚相加。

案例 6-7

外地来沪求职的张小姐在火车站附近看到一则"招聘启事",上书:招聘文秘、文员、助理等数名,月薪 1500～2500 元。张小姐按启事上的电话打过去询问,对方十分热情地询问了张小姐的情况,便让她前去面试。找工作心切的张小姐赶到该公司,发现是一家职业介绍所。对方称,先交 200 元推荐费、30 元资料费,保证一周内即可推荐她上岗,月薪 2000 元,还给张小姐看了一张某单位招聘秘书的职位表。张小姐虽然心有疑窦,但见对方信誓旦旦,且职介所看上去生意很红火,便交了钱。等了一个星期,对方未按约定打电话来,张小姐便打电话过去询问,对方说先前的职位名额已满,让她再等等。又过了一星期,对方打来电话通知她到某公司上班。张小姐兴冲冲地跑去,对方公司却根本不知道有这么回事。张小姐非常气愤,又打电话过去问,对方支支吾吾地称可能搞错了,让她再耐心等待。此后便再无音信。张小姐这才恍然大悟,自己受骗了,但此时再想要回那 230 元,已不那么容易了。

链接

目前求职者的维权途径主要有以下三条:

(1) 遭遇非法职介、招聘中收取押金,招聘单位在试用期、劳动合同中存在欺骗行为等,均可向本市劳动监察大队举报;或写信、打电话向各级劳动监察机关举报。

(2) 发现用人单位为无证经营,可向工商部门投诉。

(3) 若发现招聘骗局涉及诈骗金额较大,可向公安部门投诉。

二、培养良好的就业心理素质

骗子的伎俩能够屡屡得逞,面对铺天盖地的招聘广告而无所适从,其中一个非常重要的因素是求职者缺乏良好的就业心理素质。

近年来,中专学校有很大的发展,办学规模、办学质量都有了一定程度的提升,但由于整个社会就业形势不容乐观,许多中专生就业之路还不是一帆风顺,抛开社会因素不谈,其中影响中职学生就业一个非常重要的因素是我们的中专生存在心理上的偏差,不能端正就业态度,缺乏正确而积极的工作观念,所以屡屡走人求职的误区甚至遭遇求职陷阱；即使上岗后，也会由于我们缺乏必备的心理素质而感到工作不顺心，甚至会匆匆下岗。所以，培养良好的就业心理素质对于我们正确认识自我，尽快完成由学生到医务人员的角色转换，抵御求职风险，提高适应社会、融入社会的能力是至关重要的。

（一）中职生择业过程中存在的不正常心理

中专毕业生最大的特点之一就是年龄偏小，自我控制和调整能力较差，社会经验相对不足，导致他们在面对就业、工作等问题时，存在各种障碍，容易产生盲从心理、依赖心理和悲观心理，在进入工作状态之前，没有必要的心理准备，以至走上工作岗位后感觉力不从心或无所适从。另外，随着独生子女比例的加大，且近年来单亲家庭的学生增多，这样学生身上"骄"、"娇"之气十分严重，以自我为中心，不肯吃苦，缺乏抗击挫折的能力和宽容处事的性情，这样造成就业时对工作挑三拣四，而自身动手能力平平，很难博得用人单位的信任，以至找不到理想的工作。即使走上了工作岗位，也会由于缺乏必要的进取精神、工作的积极主动性而失去同事及患者的尊重与信任，从而失去了最初的工作热情，那么势必工作表现欠佳，自己满腹怨言，还对自身存在的缺点缺乏自知、自省的态度，这样下去只能是恶性循环。

在求职路上我们可能产生这样或那样的心理问题而不自知，或者知道却难以解决，以下介绍几种求职中常见的心理问题，这将帮助我们清楚地认识自己在择业过程中是否存在心理障碍，从而及时采取对策消除障碍，顺利择业。

1. 盲目自信　有的同学认为自己在择业中具备种种优势，比如学习成绩优秀，专业紧俏，学校为名牌学府，求职门路广，或被不少用人单位垂青，因而盲目自信，这个单位不顺眼，那个单位也不如意，从而错过不少适合自己发展的机会，到头来往往会由于对自己的过高估计、对自己的缺点估计不足而在择业中受挫。

2. 过度自卑　就像燃烧着熊熊烈火被迎面泼了一盆冷水，应届毕业生的初次求职常常会遭遇用人单位的"温柔一刀"——不予录用，从而在信心上遭受强烈打击。自卑的同学在面对激烈的竞争时，总觉得自己这也不行，那也不如别人，缺乏跟别人竞争的勇气。一走进人才市场就害怕，参加招聘面试，不是忐忑不安，就是在关键时刻退了下来。一旦中途受到挫折，更缺乏心理上的承受能力，轻易就得出"自己确实不行"的结论。自卑畏怯在性格内向或有生理缺陷的学生身上表现较为明显，有这种心理的毕业生往往没有信心和勇气面对用人单位，不能适当地向用人单位展示自身的长处，从而严重影响了就业与择业。

自卑畏怯的具体表现

（1）面试前：如临大敌、紧张不安、手忙脚乱，大有"丑媳妇见公婆"之态。

（2）面试中：面红耳赤、语无伦次、支支吾吾、答非所问、手足无措，辛辛苦苦准备的"台词"、"腹稿"，一急之下都抛到九霄云外，忘得一干二净。

（3）谨小慎微：生怕说错一句话，就影响自己的"第一印象"，以致缩手缩脚，影响正常水平的发挥。

3. 妄自菲薄　在接近毕业的日子里，大多数学生的心里充满了对未来的美好期待，在求职前往往踌躇满志，跃跃欲试，想一显身手，大展宏图；一旦受到挫折后，一些同学的自信心大大降低，自尊心受到伤害，容易妄自菲薄，对自己甚至开始全盘否定，感到一种空前的失败和愧疚。因此，我们常常听到有毕业生在求职时抱怨："在校期间什么都没有学到，学的那些东西现在工作时一点都用不上，还不如人家早就步入社会的初中生，最起码比我们多几年的工作经验。现在企业就看重员工的工作经验和能力为企业赚钱这一点……"

4. 依赖心理　部分应届中专毕业生，虽然接受了三年中职教育，但依赖性强、独立性差，往往把希望寄托在拉关系、走后门上，或者什么事都依靠父母师长之意、师兄师姐之言进行取舍，缺乏独立自主精神。

5. 患得患失　职业的选择往往也是对机遇的一种把握，部分毕业生在求职过程中常常瞻前顾后、患得患失，或待价而沽、左顾右盼。可是机会却不是每天都会向你招手，它常常稍纵即逝，在徘徊与犹豫中，也许已经从我们的手指间悄悄溜走。

6. 盲目攀比　一些成绩较好、性格要强的同学较容易犯盲目攀比的毛病。在盲目攀比的心理作用下，即使有些单位非常适合自身发展，但因为某个方面比不上同学选择的就业单位，就彷徨放弃，到头来却后悔不已。

案例6-8

毕业生小王在班上成绩拔尖，一直希望自己能找到很好的工作。本来在校园招聘会上，已经有家单位看中了她，她也觉得还不错，但当她听说同班小李找了一家外资公司，待遇好，发展空间大，她觉得小李平时什么都不如自己，自己一定能找到比她更好的。于是，她毅然拒绝了那家单位，可是当她找不到更好的单位想回头的时候，原来那家单位已经和他们班上另外一位同学签了约。

像小王一样的同学不在少数，虽然学成从业、服务社会，实现自身价值，是每一位毕业生的美好愿望，但是在求职过程中，如果不从自身的特点、自身的能力和社会需要出发，而是与同学盲目攀比，总认为得不到一个比别人更好的单位就不能实现自身价值，结果到头来，只求得一时的心理平衡，却不利于自身价值的实现和长远发展。

（二）培养良好就业心理的方法

案例 6-9

河南曾有一个叫李华的青年，从小喜欢文学，高考落榜后便写起诗歌来，一篇篇地投稿，又一篇篇地被退回。他一气之下跑到新疆去寻找灵感，可是跑遍了乌鲁木齐、吉昌、石河子甚至跑到了喀什，也没有人收留他。李华万念俱灰，饿了五天五夜，步履艰难地回到家后，因无脸见人而服了毒。被抢救过来后，他沉痛地说："一个不幸的人选择了文学，而文学又给我更多的不幸！"

案例 6-9 分析

坚持固然是可贵的，但是单凭一时的兴趣，狂热地进行自我设计带有很大的盲目性，我们应该学会根据自身的条件，不断调整自己的目标取向，才能找到适合的职业。

1. 认识自我，认识社会　不断调整就业取向，养成积极进取的竞争意识，具备抗挫能力。

选择职业，就是选择未来，每个毕业生如果正确地选择职业，就是为未来的成功奠定了良好的基础，为此，每一位毕业生都要把握好机遇，争取迈好这一步。那么，如何迈好这一步呢？首先要对所处的社会环境进行比较全面的了解和认识，弄清当前中职毕业生面临的就业形势。随着高校的毕业生的逐年增多，中职学校毕业生就业形势更加紧张。因此中专毕业生不要把就业期望值定得太高，也要不断地调整自己的期望值，使自己的职业理想更切合实际，这样才能在激烈的竞争中处于不败，并获得理想的职业。

要想在平凡的工作中脱颖而出，一方面由个人的才能决定，另一方面取决于个人的进取心态。这个世界对那些兢兢业业努力工作的敬业者始终大开路灯，一个没有上进心的人只会沉醉于自己掌握的知识、技能，不思进取必然会沉于井底之下。面对人生道路上的挫折和失败，我们需要的是积极进取的竞争意识和勇于吃苦、善于吃苦、勇挑重担的精神。在这个社会日新月异、医疗技术不断发展的时代，只有不断更新自己的知识体系，力争跟上时代的步伐，努力掌握最新的医疗技术，熟练操作先进的医疗设备，我们医卫人员才能最大限度地服务于患者。

链接　名人的职业选择

观古今中外的成才史，大多数人早期的自我设计都不是最终的选择：马克思曾经想当诗人，鲁迅曾去日本学医，爱因斯坦曾梦想成为帕格尼尼那样伟大的小提琴演奏家，但他比常人高明之处就是能及时调整自己的方向，最终取得了成功。

2. 学会自我调节，保持乐观的人生态度，建立良好的人际关系　良好的心态是事业成功的基石，事业成功也是和心理健康分不开的，我们每一个人都希望自己有所作为，能够干一番事业。可是，以往人们谈及事业成功的因素，常常偏重学识、才华和机遇，殊不知人的个性心理特征对于事业的成功亦有相当重要的作用，如果个性心理特征有欠缺，不仅会妨碍自身的学识、才华的充分发挥，而且会恶化事业发展的人际环境，导致事业的失败和挫折。

一个心理正常的人是一个有"自知之明"的人，他能够正确认识自己的能力、学识、水平和自己在他人心中的位置，既不高估自己，对自己的长处沾沾自喜，咄咄逼人，也不会自卑、过分贬低自己，更不会无缘无故地抱怨，对自己求全责备。反之，一个心理不健康的人，因为不能正确认识自我，或莫名其妙骄傲，或是敏感脆弱，无缘无故自卑，抑或因为一点小事而失落，经不起风浪，在暂时的挫折面前无法保持平和的心态，因为骄傲自满而自以为是，忘记了自己作为服务者的身份，对患者及患者家属颐指气使；因为自身不能抗击困难而郁郁寡欢，以一副冰冷的面孔示人，甚至由于不能及时调整心态而出现工作上的疏忽，乃至失误，造成医疗事故，这样必然会造成医疗纠纷，给用人单位和自己都带来不必要的麻烦。

一个心理健康的人总是珍惜生命、热爱生活的，他们对生活充满了期待，对未来充满了希望，无论对工作还是对自己，都采取极其负责的态度，他们会积极主动地不断充电、不断学习，在新的发展空间感受工作的快乐；他们会满腔热情投入生活，不因个人的喜、怒、哀、乐影响正常的工作，在遇到麻烦时，他们会及时调整心理，以一个健康者的和蔼、亲切和主动、贴心的服务去感染身体有疾的患者，给予他们心灵的慰藉。

3. 在择业过程中总结经验，寻找差距，克服心理障碍，放眼未来　中职毕业生在求职择业过程中，一定会遇到各种障碍，受到各种挫折。对待和处理挫折的态度方法不同，产生的影响和效果也是迥然不同的。有的人在挫折中徘徊、沉沦；有的人在挫折中奋发、崛起。对于挫折，不在于挫折本身，而在于人们如何认识它、对待它。有了强烈的自信心、乐观开朗的性格、顽强的意志和优良的心理素质，中职学生才能够经得起失败和痛苦的考验，战胜挫折。美国 3M 公司有一句著名的格言："为了发现王子，你必须与无数个青蛙接吻。""接吻青蛙"意味着失败，但失败往往是成功的开始。同样的道理，毕业生为了找到适合自己的位置，往往需要和无数单位接触，只要突破心理障碍就肯定能找到你的"王子"。

求职遭遇是暂时的，再好的工作也不过是个工作而已，暂时没有找到工作，也不代表你失去了事业。

"上帝关了一扇门,一定会打开一扇窗",不要怨天尤人,乐观豁达地面对下一次机会。只有一次次地从失败的打击中站起来,不断总结经验教训、积累经验、屡败屡战,才能获得成功,笑到最后。

第3节　提高职业生涯能力尽快融入社会

一个人从出生到从事社会职业活动前的漫长时期,都是处在接受社会教育培养之中,是在为其踏上社会做准备,以便更好地服务社会、建设社会并推动社会的发展。就业将使医学生走进一个新的人生阶段。因此,走向职业工作的背后,是人生的一个关键转折点,医学生的社会角色将会发生较大变化。所谓社会角色,简单地说就是一个人的身份,是其所处的相应社会关系的反映。由于不同的社会关系有与其相应的社会规范,因此,对于不同的社会角色,就会有不同的行为规范和要求。例如,在就业以前,医学生的社会角色是学生,社会就会以学生的要求来衡量和评价其所作所为;而就业以后,医学生的社会角色就是社会医务职业人员,社会便会以医务人员的行为规范和要求去衡量和评价他们。

一、医学生就业后的角色转换

(一)做好从"学校人"到"职业人"角色转换的准备

从中等职业学校毕业后,我们中的大部分人都会步入职场,开始新的生活。职场是我们发展与获得成功体验的重要场所。但学校与职场在活动内容、行为方式、人际氛围等方面有很多不同,可能导致一些毕业生在短时间内难以适应新的环境,甚至影响了职业生涯的顺利发展。能否顺利地完成从"学校人"到"职业人"的转变,对每一个中职生能否迈好职业生涯的第一步都非常重要(表6-3)。

1. 认识"职业人"　简单来说,职业人就是指有职业的人或是从事职业活动的人,也可以说是职业活动领域中的人。职业人是作为职业活动的主体和基础要素而存在的人,他处于职场中,与职业岗位相联系,通过自己具备的职业知识和职业技能,完成相应的工作职责,并获得一定的经济报酬。此外,职业人还应具有职业精神。行有行规,职业人从事哪一种职业,就应遵守那一种职业的基本准则和约定俗成的规则。

从职业人的含义上,我们可以看到职业人角色和学生角色之间存在着很大差异。我们步入工作领域,需要及时从学生角色转换到职业人角色,只有角色转换成功,才能尽快适应社会、融入社会,否则必然会在社会中碰壁。

2. 塑造"职业人"的角色　我们接受职业教育,是为了毕业时成为具有良好素质的职业人后备军。卫生职业技术学校的教育,为我们提供了丰富多彩的职业课程,老师们对我们的循循善诱,已毕业的师兄师姐的成功事例,都有助于我们更全面、深入地理解医药人员的工作与生活,更好地把自己塑造成医药卫生职业人。

(二)抓住角色转换的四个重点,顺利转型

第一,成长导向向责任导向的转变——培养责任感。

第二,个性导向向团队导向的转变——培养团队精神。

第三,思维导向向行为导向的转变——重视行为习惯的养成。

第四,智力导向向品德导向的转变——特别是职业道德的养成。

表6-3 "学校人"与"职业人"的比较

	学生	职业人
社会责任	学习专业知识、技能 完成知识储备和能力锻炼	以特定的身份去履行自己的岗位职责 用自己的知识和技能为社会服务 完成工作任务,承担成本和风险责任
社会规范	德、智、体、美全面发展 符合合格公民以及职业岗位的要求	遵守各类职业工作者的共同规范 遵守所从事职业的特殊规范 违背了规范要承担相应的责任
社会权利	享受家庭和社会给予的条件 享有依法接受教育的权利	依法行使职权、从事工作 向外界提供自己的职业劳动 在履行义务的同时获得经济报酬

二、做好适应社会、融入社会的准备

适应社会、融入社会的能力是我们在社会中生存所必须具备的基本能力，也是我们职业生涯顺利发展的前提。如果缺乏这种能力，即使在其他方面具有再优秀的技能，也会遭到社会和职场的排斥，从而无法在社会中获得自身发展所需要的资源，更无法获得施展抱负的空间。适应社会、融入社会的能力可从下述方面来培养。

（一）树立团队合作意识

"学校人"之间的人际关系简单，以完成学习任务为主，虽然在一个班集体、校集体中生活，但学习活动主要由个人完成。而"职业人"之间的关系复杂、任务多样，以完成职业任务为主。职业任务的完成不能只靠个人行为，而要靠大家的合力。现代企业均重视团队精神，重视员工之间的合作。所以，在校期间，我们就应该积极参加各项活动，有意识地培养集体主义精神，在实践中树立团队合作意识，在团队中明确自己的位置，处理好团队成员间的关系。

（二）遵守组织制度规范

没有规矩，不成方圆。社会生活总是在一定规范下运行，是不以人的意志为转移的。进入社会，就需要遵守社会的规范；进入组织，就需要遵守组织的各项规章制度。只有在心理上真正认同了社会生活和组织生活的规范，并养成遵守各种规范的习惯，才能很好地适应职场环境，融入职场生活。一般来说，组织中的规范主要是指组织中的各项规章制度，如员工守则、考勤制度、报销制度等。作为职场新人，在日常工作中要认真学习各项规范，并严格执行。

（三）保持和谐的工作关系

在工作中，与上级、同事或下级保持和谐、良好的工作关系非常重要。良好的工作关系能给我们营造一个愉快的工作氛围，能让我们的工作和生活都变得更简单、更有效率，在遇到困难时能够得到周围同事的帮助；而同事关系不融洽则容易产生误解、麻烦甚至纠纷。所以，我们要想在职场上有所成就，就要做到以和为贵，要学会尊重他人，尽量避免与同事发生冲突。

（四）调整和改进行为方式

经过一段职业生活，我们会对职业生活有较多的了解和重新认识。在此基础上，我们要及时进行总结和反思，找出自己的行为与工作要求之间的差距，并采取措施，不断地调整自己的行为，使之符合工作的要求。其中最好的方法是设计一个明确的弥补差距的计划，不断地提醒自己，直到成为自觉行为。在这个过程中，他人的反馈和评估可以帮助自己更好地进行调整。

链接

构建职场良好人际关系的原则

（1）塑造诚恳、自信、热情的专业形象，不拒人于千里之外。

（2）遇事主动承担责任，良好的职业责任感和敬业精神，是赢得他人认可的关键。

（3）学会倾听，汲取别人的长处，欣赏有不同见解的观点。

（4）主动协助他人完成工作，学会为他人的成绩鼓掌。

案例 6-10

大文豪托尔斯泰年轻时不太勤快，36岁时他发现自己的身上明显的存在急躁、懒惰、缺乏意志力的缺陷，什么都想干，但又难善始善终。他深感这种性格上的弱点是他实现人生理想的障碍。于是，他采取每天早起做操和临睡前坚持写日记两项措施，一直坚持到八旬高龄。当人们整理托尔斯泰的遗物时发现，在他逝世前几天，日记本里还留有他用颤抖的手写下的字迹。他借助这两项习惯，不断地克服懒惰、急躁、缺乏毅力的缺点，成为有恒心的人，写出《复活》《安娜·卡列尼娜》《战争与和平》等世界不朽之作。

考点提示：在校中职生如何做好适应社会、融入社会的准备

小 结

作为中职医学生只有在了解就业形势的基础上，树立正确的就业观、择业观，初步掌握求职的基本方法，警惕求职风险，培养良好的就业心理素质，才能顺利完成从"学校人"到"职业人"的角色转换，从而不断提高自身适应社会、融入社会的能力，真正做到学成从业、服务患者，开创绚丽的职场人生。

目标检测

一、单项选择题

1. 择业观是人们对（　　）的根本认识和基本态度，它决定着人们择业行为自身内部心理动力的强弱，对人们的择业行为起着决定的作用

A. 生活问题　　　　　　　B. 职业问题

C. 学习问题　　　　　　　D. 道德问题

2. 下列关于从"学校人"到"职业人"需要转换的方面表达正确的是（　　）

①个人导向向团队导向转换　②成长导向向责任导向

转换　③思维导向向行动导向转换　④智力导向向品德导向转换

A．①②
B．③④
C．①③④
D．①②③④

3．收集职业信息的渠道有哪些（　　）

①招聘洽谈会　②职业介绍机构　③学校就业指导部门　④亲友和邻居

A．①②
B．②③
C．①②③
D．①②③④

4．了解求职的途径有（　　）

①学校推荐　②实习就业　③参加招聘会　④网络求职

A．①②
B．②③
C．①②③④
D．①②③

5．在未来求职"推荐自己"时用的简历,主要包括的内容有（　　）

①个人基本情况　②实习经历　③学业情况　④求职意向　⑤专业特长

A．①②③④⑤
B．①③④
C．①③④⑤
D．①②③④

6．中职生就业时,应该（　　）

A．依赖学校"分配工作"
B．坚决让家长"托关系找工作"
C．自己到就业市场去体验和实践
D．在家等待

7．下面说法有误的一项是（　　）

A．行为不许出错是对"职业人"的基本要求
B．知识是能力的基础,知识就是力量,知识就等同于

能力

C．"学校人"的主要任务是努力吸取知识,德、智、体、美全面发展,掌握在职业生活中奋勇拼搏的本领,这是一个受教育、储备知识、培养能力的成长过程

D．"学校人"的学习活动以思维为主,主要特点是"想"; "职业人"的职业活动以行为为主,主要特点是"做"

二、判断题

1．首次就业的实际岗位一定要选择自己目标中的相关专业,争取一次就业就能谋到理想的工作岗位。（　　）

2．别人眼中的"好单位"、"好工作",也一定是对自己的发展最有利的岗位。（　　）

3．目前社会上的热门职业就是我要选择的职业。（　　）

4．"学校人"之间的人际关系简单,以完成学习任务为主。（　　）

5．"职业人"之间的关系复杂,以完成职业任务为主。（　　）

6．中职生首次就业要找准坐标,从高端就业起步,从高层次岗位做起。（　　）

三、简答题

1．当代中职生应该树立怎样的就业观念?

2．培养良好就业心理的方法有哪些?

3．作为在校生中职生,如何做好适应社会、融入社会的准备?

四、拓展练习题

1．结合自己的情况,试写一份求职应聘自荐书。

2．找出个人与本专业职业人之间的差距,制定调整和改进自己行为的计划。

（崔爱华）

第7章 立足自身发展 实现创业理想

第1节 培养创业者的素质和能力

> **案例 7-1**
>
> 王海考入了一所中职学校学习医药专业。毕业后在一家医药公司工作，后因公司改制而下岗。医药公司的经历让他了解了药材市场的状况，于是他租了门面开了一家药店。开始经营由于经验欠缺，竞争激烈，经营得很艰难。但他省吃俭用、起早贪黑、诚信经营、多方联系客户，事业平稳发展。他又采用"平价药店"的经营模式，拓展药品零售业务，逐渐形成连锁经营规模。后来他联合几家大型药店，组建了药品批发和物流企业，形成了集团化经营。现在，他已成为当地著名的企业家，他的企业为当地提供了很多的就业岗位。
>
> **问题：**
>
> 王海的创业成功给我们什么启示？

一、创业的含义和类型

（一）创业的含义

创业是指某个人利用或借用相应的平台或载体，将其发现的信息、资源、机会或掌握的技术，以一定的方式，转化、创造成更多的财富、价值，并实现某种追求或目标的一系列活动。

创业有广义和狭义之分。广义的创业是指创业者通过开拓性思维、创造性劳动创办各项事业的实践活动。其功能指向是成就国家、集体和群体的大业。狭义的创业是指创业者的个体生产经营活动，主要是指"自主创业"、"创办自己的企业"、"自己当老板"。学生创业均指狭义的创业。简言之，创业就是创办自己企业的一系列活动。

考点提示：创业的含义

（二）创业的类型

随着经济的发展，投身创业的人越来越多，《科学投资》调查研究表明，国内创业者基本可以分成以下类型。

1. **生存型创业者** 该种创业的动机处于别无更好的选择（没有工作，或对现有的工作不满意），是一种被迫的选择，而不是个人的自愿行为。

生存型创业者大多为下岗工人、残疾人、老人、失去土地或因为种种原因不愿困守乡村的农民，以及刚刚毕业找不到工作的大学生等。这是中国数量最大的创业人群。清华大学的调查报告说，这一类型的创业者占中国创业者总数的 90%。创业者的创业动机主要是解决温饱问题，鲜有远大的目标。创业者必须依靠自己的创业为自己的生存和发展谋求出路，改变现状是创业的动机。它占创业企业的绝大多数，一般创业范围主要分布于商业贸易和传统服务业，少量从事实业，也基本是小型的加工业。当然也有因为机遇成长为大中型企业的，但数量极少。

2. **主动型创业者（又称机会型创业）** 该种创业是指创业的动机在于个人抓住现有机会或即将出现的机会的强烈愿望，是一种个体的偏好，并将创业作为实现某种目标（如实现自我价值、追求理想等）的手段。

主动型创业者又可以分为两种，一种是盲动型创业者，另一种是冷静型创业者。前一种创业者大多极为自信，做事冲动。这样的创业者很容易失败，但一旦成功，往往就是一番大事业。冷静型创业者是创业者中的精华，其特点是谋定而后动，不打无准备之仗，或是掌握资源，或是拥有技术，一旦行动，成功概率通常很高。

3. **赚钱型创业者** 赚钱型创业者除了赚钱，没有什么明确的目标。他们就是喜欢创业，喜欢做老板的感觉。他们不计较自己能做什么，会做什么。可能今天在做着这样一件事，明天又在做着那样一件事，他们做的事情之间可以完全不相干。甚至其中有一些人，连对赚钱都没有明显的兴趣，也从来不考虑自己创业的成败得失。奇怪的是，这一类创业者中赚钱的并不少，创业失败的概率也并不比那些兢兢业业、勤勤恳恳的创业者高。而且，这一类创业者大多过得很快乐。

4. **反欺诈委托加盟** 反欺诈委托加盟是一个新的业务模式，表示加盟投资商委托一家公司帮着加盟策划，以达到规避加盟风险和引进合适的加盟项目。反欺诈委托加盟绝对不只是简单地为加盟投资商推荐一家连锁企业，而是从加盟创业、维权、店铺经营这三个方面进行整体策划。这一全新的概念是伦琴反欺诈加盟网提出的。

二、树立自主创业意识

(一) 创业意识的内涵

创业意识，是指一个人根据社会和个体发展的需要所引发的创业动机、创业意向或创业愿望。也是在创业实践活动中对人起动力作用的个性心理倾向，包括创业需要、动机、抱负、兴趣、思想、信念、价值观和世界观等心理成分，是人们从事创业活动的强大内驱动。其支配着创业者对创业活动的态度和行为，是创业素质的重要组成部分。

(二) 培养学生的创业意识

树立自主创业意识包括创业动机、兴趣理念、信念、世界观的形成和培养。其目的是培养学生的创业社会意识，增强学生的社会责任感、社会义务感、社会使命感等，提升学生对创业的认识。培养中职学生正确的创业意识，是我国职业学校创业教育的首要任务。

1. 培养强烈的进取心　创业是一种争取成功的意识、理念。任何一个成功者心中都有一个伟大的梦想。任何一个进取的人都是一个有理想的人。理想驱动着他们前进，去追求自立自强自尊，理想让他们不畏艰难、敢于挑战权威，决心与命运抗争，在一般人不敢或不能涉足的地方创造一个奇迹，成就一番事业。因此，对于学生创业者来说，首先要有明确的人生目标、要有远大的人生理想和坚定的信念，树立正确的世界观、人生观和价值观。

2. 强化创业意识　创业意识作为对人起动力作用的个性心理倾向，是人进行创业活动的能动性源泉，正是它激励着人以某种方式进行活动，向自己提出的目标前进，并力图达到和实现它。每个希望创业的创业者有了创业意识，就会燃烧起创业的激情，选择创业的方向。创办自己的企业，是中职生职业生涯迈向新高峰的标志。

3. 引导学生树立正确的创业意识　学生要认清当前严峻的就业形势，突破就业的思维定式，要培养创业的主体意识，要树立正确的创业观、要辩证地看待创业。

学生首先要明确创业是生存和发展的手段之一，没有人是完全不可以自主创业的。只是一些学生因受传统思想影响，不愿走自主创业之路，把找工作寄托在父母及亲友身上，等待国家和社会的安排。还有些学生认为学历低，有强烈的自卑感。其实在我们身边有许许多多职业技术学校学生不受传统和世俗偏见的束缚，不受舆论和环境的影响，把握住自己的航向，选择自己的道路，设计和规划自己的未来，并采取了相应的行动。他们凭借自己勇创大业的胆略、远见和不凡业绩，成了远近闻名、令人刮目相看的强者。

还有一些人认为创业能力是天生的，自己不属于创业型，没有这份能力。人不是生下来就适合做这个或适合做那个，创业能力是自我学习和环境条件决定的，创业能力是可塑的。创业能力首先表现为一种动机，一种精神，也表现为一种思维能力、决策能力、沟通能力、运作能力、经营管理能力及学习能力，所有这些能力也不是先天的，是后天教育和培养的结果。因此普通人也可以成为创业的主体。

对创业者来说，自己要自信自强自立，相信自己有能力，凭借自己的头脑和双手、智慧和才干、努力和奋斗，去开创自己未来的事业。这种创业的主体意识，主体地位，主体观念，就会成为创业者在风口浪尖上拼搏的巨大力量。这种力量会鼓舞他们抓住机遇，迎战风险,拼命地去实现自身的价值,同时也会使其承受更多的压力和困难。

学生要能在正确、科学地分析和评价自身是否适合创业的基础上,对自己的未来生涯进行合理的规划,确定创业方向,并为之努力。创业者在选择创业项目时,一定要找那些适合自己能力,契合自己性格、特长、兴趣,可以发挥自己特长的项目,这样才有利于你做持久性的全身心的投入。

案例 7-2

从小就喜欢动物的某农业大学兽医专业毕业生晓云,2009 年 6 月在家乡开办起自己的宠物医院——爱心动物医院。经过近半年的运营,现在医院平均每天都能接收二三十个病例,收支情况良好。走自主创业之路,晓云希望通过踏踏实实的工作,用两三年的时间收回投资,一步一个脚印地把医院做强做大。她在选择创业项目时,不仅找到了适合自己能力,契合自己性格、特长、兴趣,可以发挥自己特长的项目。而且她的创业主体意识鼓舞她自强、自信、自立,去实现自身的价值。

4. 创业精神的培养　创业是一种精神。没有创业精神就不会有创业行动,也就无从谈起创业。即或有创业,也往往是浅尝辄止,半途而废,因为创业的道路不会是一帆风顺的,总是充满困难和荆棘的。顽强的创业精神对于成功创业是至关重要的。创业精神既是创业的动力源泉,也是创业的精神支柱,是成功创业的前提。

《中共中央关于加强精神文明建设若干重要问题的决议》指出:“在全民族树立艰苦创业精神,是实现社会主义现代化的重要思想保证。我国是发展中的国家,经济文化比较落后,处在创业时期。伟大的创业实践,需要伟大的创业精神。即使经济有了大的发展,人民生活有了大的改善,仍然需要保持和发扬这种精神。”

培养学生的创业精神品质。学生要具有实事求是的科学态度和脚踏实地的工作作风,既要敢想敢干,又要求真务实;要有艰苦创业、顽强拼搏的精神;要有不怕困难,勇于创新,敢于创业,争创一流的思想。要有强烈的事业心和责任感,刻苦钻研、勤奋工作,努力掌握科学文化知识、专业知识和专业技能。

5. 创业者在创业中还要有风险经营意识　创业与就业不同,它是一种高风险、高收益的投资行为,创业成功后的巨额收入是对创业者所承受的高风险的回报。那种想不承担风险就能致富的创业行为基本上是不存在的。对于创业者来说,想致富就必须敢于冒险。所以创业者既要看到创业成功之后的收获、掌声和荣誉;同时也要充分评估创业的风险,实事求是分析自己所具备的创业能力,做好承受挫折和失败的心理准备。

三、培养创业者的素质

创业者素质是指创业者在创业过程中表现出来的自身独特的品质和能力。它是随着创业活动的深入而不断提高和逐步完善的,创业者的素质在一定程度上决定了创业企业的成败。因此,当代学生应当适应社会发展的需要,尽快使自己成为高素质的人才。作为当代的学生应具备以下基本素质。

(一) 思想道德素质

思想道德素质是创业者素质中最主要的方面,是青年人创业成功的必备条件。创业是一生的事业。创业能否成功,创业者个人的品格也有很大的影响,它是人与社会交往的品牌,创业者要培养良好的道德素养。创业者要有正确的世界观、价值观和人生理念;要遵守与人交往的诚实守信等行为准则,信用乃立身之本,守住信用,就是守住人品,守住人格;要树立法制规则意识,遵纪守法;要自信自立自强,为理想而奋斗;要务实,脚踏实地干实事,吃苦耐劳地去创造财富;要敢于负责,要对本企业、员工、消费者、顾客以及对整个社会都抱有高度的责任感;要懂得回报社会。只有那些能为顾客带来更多的便利,创造更多的价值的企业,才能在商场上立于不败之地。创业者在决定创办企业时,在企业的经营运作过程中,不能只考虑如何赚钱,还要考虑自己的事业是否能给广大群众带来更多的幸福。创业者只有在实现社会价值的过程中才能实现自身价值。这个企业才会有好的经济效益和社会效益。

(二) 科学文化素质

在知识经济时代的创业者需要复合型的知识结构,需要创业者既要懂相应行业专业的科学技术知识,又要了解经济管理学的知识;既要懂市场又要懂法律,还要了解人文社会和历史等综合知识。

链接
企业家徐文荣给我们的启示

在 2011 浙江省企业领袖峰会上被授予“终身成就奖”的企业家是横店集团创始人、横店“四共”委员会主席徐文荣。《徐文荣口述风雨人生》一书也出版发行,他的“苦难童年、风雨青年、奋斗中年、成功老年、伤感暮年、劳碌终年”到底给后人什么启示?到底是什么精神力量促使 76 岁的他仍然马不停蹄奔波?徐文荣说:“社会活力需要企业家精神,社会公平需要有责任感的社会企业家。”他说:“这本书只是写给我后人看的,让他们更清楚地了解我的创业之路,给他们留下一点精神财富。”“通过文化产业推动横店的进一步发展,造福横店人民,是我只争朝夕一定要做成的事。我这辈子注定劳碌终年,文化产业就是我的归宿。”

1. 宽厚、扎实的基础知识的储备　对基础理论的学习,有助于科学思维方法和良好心理素质的培养。在目前的各类中等职业学校中,学生基本上是接受完九年制义务教育,就开始学习不同的专业知识,在学校的学习中即使对其他学科有所了解,也是极为有限的,普遍存在知识面窄的问题。因此,在校学生应该认真学习基础知识,扎实地掌握基础理论,把学校开设的各种人文课程特别是德育课学习好。绝不能为了培养其他方面的能力,而忽视了基础知识的学习。

2. 专业知识　是知识结构的核心部分,是学生创业的支点,是竞争取胜的核心要素。精深的专业知识对于专业人才和拔尖人才的培养十分重要,也是学生将来走向社会适应性强,磨合期短的先决条件。学生必须对要从事的专业有透彻的了解,在自己所涉足的领域有足够的专业知识,这样在创业初期,才能做到亲力亲为,才能在遇到问题时及时找到出路,加以纠正。掌握的专业知识越多越深,创业活动就越能有效地开展。

案例7-3

药剂专业学生小孙毕业后参加了人才招聘会,被一家连锁药房录用。小孙特别珍惜这份工作,勤勤恳恳,认认真真,赢得了一致的好评。但是有一天却受到了老板的批评,原因是他给顾客推荐错了药物。该顾客的孩子7岁了,因腹泻需要服药,于是就到药房买药。小孙给他推了一盒合成抗菌药诺氟沙星。当顾客付钱拿药时,有经验的资深药剂师发现了问题,重新给顾客推荐了另一种适合儿童的止泻药。下班后老板和资深药剂师均批评了小孙。原来合成抗菌药诺氟沙星属氟喹酮类药。动物实验证实此类药可影响幼年动物软骨发育,导致承重关节损伤,因此避免用于18岁以下的儿童。小孙不具备深厚扎实的专业知识才出现这样的错误。

3. 广阔的知识面　学生不仅要掌握基础理论和专业方面的知识,还要不断拓宽自己的知识面,掌握与之相关的非专业知识。这是提高实际工作能力的基础。

链接

非专业知识

(1) 经营、管理知识:是从事经营管理工作必须具备的知识。

(2) 综合性知识:是发挥社会关系运筹作用的多种专门知识,其中包括政策、法律法规及其运行机制、工商、税务、金融、保险、人文和历史、人际交往和公共关系等。

(3) 市场经济方面的知识:如财务会计、市场营销、国际贸易、国际金融等。这样就会不断提升自己的素质,开发每个人的潜能,最终实现自己的创业目标。

4. 思维方式　是科学文化素质的最终表现方式。作为一个创业者,要勇于打破自己的思维定式,抓住机遇,发展自己。因为有时候并不是没有机会存在,而是我们存在思维定式,对一些宝贵的机遇视而不见,因而错过了许多时机。

(三) 心理素质

所谓心理素质是指创业者的心理条件,包括自我意识、性格、气质、情感等心理构成要素。心理素质是意志品质方面的东西,它是人们面对不可知的环境和前途时表现出的一种信念和态度。

有良好心理素质的创业者应具备健康的心理和较强的心理调适能力。良好的创业心理素质有助于一个人充分地发挥其创业能力,取得创业的成功。

创业是艰苦的,不仅会遇到各种各样的困难,而且还有失败的可能,心理健康的人在创业过程中懂得运用心理调适。创业者只有认识到创业的艰难,具有坚强的意志,在整个创业过程中才能调节自己的行动和精神状态,克服困难,战胜挫折。并会善于调控自己的情绪,保持乐观的心态,能够在紧迫的环境压力下泰然自若,举重若轻。当代学生尤其是独生子对新环境的适应能力和对挫折的承受能力较差。学生应该积极接受心理健康教育,自觉加强对创业素质的训练与培养,正确了解自己,认识社会,形成良好的创业心理素质。

(四) 身体素质

身体素质是指创业者应该具有健康的体魄和充沛的精力,能够适应新创企业外部协调和内部管理的繁重工作。创业是一件繁重、复杂的事情,是一个心力和体力兼具的活动。创业的路上艰难重重,工作繁忙、时间长、压力大,如果身体不好,必然力不从心、难以承受创业重任。健康的身体是开拓事业的前提和有力保证。提高良好的身体素质非常重要。

案例7-4

有一个人,家境贫寒,在人生路上遇到了很多不顺心的事,几乎所有的人都说他这辈子完了。但他却一直在努力,不放过任何机会,最终,他成了一家公司的老总,手中有两亿元的资产。现在,许多人都知道他苦难的过去和富有传奇色彩的创业经历。当媒体采访他时,记者问他:“在苦难的日子里,你凭什么一次又一次毫不退缩?”他坐在宽大豪华的老板台后面,喝完了手里的一杯水。然后,他把玻璃杯子握在手里,反问记者:“如果我松手,这只杯子会怎样?”记者说:“摔在地上,碎了。”“那我们试试看。”他说。他手一松,杯子掉到地上发出清脆的声音,但并没有破碎,而是完好无损。他说:“即使有10个人在场,他们都会认为这只杯子必碎无疑。但是,这只杯子不是普通的玻璃杯,而是用玻璃钢制作的。”这样的人,即使只有一口气,他也会努力去拉住成功的手,除非上苍剥夺了他的生命。

考点提示:创业者应具有的素质

四、提高创业者的能力

创业能力是一种能够顺利实现创业目标的知识和技能。创业能力是一种特殊的综合能力，这种特殊的能力往往影响创业活动的效率和创业能否成功，是创业的基础。创业能力表现为复杂而协调的行为动作。对学生创业实践活动有影响的创业基本能力，如专业技术能力、经营管理能力、交往协调能力、决策能力和开拓创新能力，还有诸如心理承受能力、学习能力等综合能力。

（一）专业技术能力

专业技术能力在创业能力中是最为基础的能力，是创业者掌握和运用专业知识进行专业生产的能力，是人们从事某一特定社会职业所必须具备的能力和本领。包括创业最需要的专业知识和技术能力。

一个具有丰富经验和较高水平的经营管理者施展和发挥其经营管理或综合性能力，必须把握住某一专业或职业的特点，才能对症下药，因事制宜，采取适当的经营管理方法。许多专业知识和专业技巧的形成具有很强的实践性，需要在实践中摸索，逐步提高、发展完善。创业者要重视创业过程中积累的专业技术方面的经验和职业技能的训练。实践证明，学生在职业学校中所学的知识越多，专业技术能力越强，创业实践活动的成功率就越高。职校生在具备了相应的专业知识后走出校门，但要想具备成熟的专业技能成就一番事业，还需要有一个不断提高自己的专业技能的实践过程。只有这样，才能走向成功。

链接　实习中专生技能过硬 企业丰厚待遇"截留"

武汉市电子信息职业技术学校数控铣床专业的周昌凯加紧备战，他将代表武汉参加全国数控技能大赛。在刚结束的武汉市赛场上，他拿到全市第三名。

今年4月，他与4名同学一起到优信光通讯公司实习，因在学校实际操作机会多，5名学生仅用20天，就搞定了别人2个月才能上手的复杂设备。听说5人要结束实习去比赛，企业赶紧开出丰厚待遇，拿出合同"留人"。最后，学校承诺比赛结束就送他们回厂，才"借"回了学生。

"他们都曾是中考线下生。"因为技能过硬，尽管没走高考"独木桥"，该校学生在毕业前半年就被"抢定"。1997届学生徐鹰，函授进修西安交大本科后，现已是美的制冷设备制造分厂副厂长，年薪15万元。

（二）开拓创新能力

创新能力是人们在创业活动中表现出来的一种新颖、独特的分析和解决问题的能力。这是创业能力中较高层次的能力。创新能力是一种潜能，需要人们去开发、挖掘。它的实质是创造性思维，最大的特点是打破传统的思维方式和固定的观念模式。创业实际是开创充满创新的事业，所以创业者要具备创新的能力，无思维定式，会根据客观情况变化，提出新的目标，不断地开拓新的目标。作为当代学生要不断吸取新的知识和信息，敢于开拓进取，不断创新，并保持思维的活跃，开发新产品，创造新方法，使自己的事业不断充满活力和魅力。

链接　思维训练

假如在很远的地方发现了金矿，为了得到黄金，人们都蜂拥而去，可一条大河挡住了去路。请问：遇到这种情况，你会怎么办？

（三）经营管理能力

经营管理能力是一种较高层次的综合能力。创业条件中最重要的是创业者要有经营管理能力。如果管理者缺乏经营管理经验，会出现经营失败的风险。它涉及人员的选择、使用、组合和优化；也涉及资金聚集、核算、分配、使用、流动；同时也要做到知人善用。具体表现在经营、管理、用人、理财四个方面。

1. 学会经营　成功的创业者都应该具备独具慧眼的能力选择一个有良好发展前景的行业，要掌握一定的科学的经营技巧、销售诀窍。

2. 学会管理　创业者要学会质量管理，要始终坚持质量第一的原则。要学会效益管理，要始终坚持效益最佳原则，效益最佳是创业的终极目标。作为创业者，只有学会效益管理以及最大化的充分合理的整合资源，才能形成市场竞争优势。

3. 学会理财　创业者要从事生产经营，获得利润，就必须善于理财。要学会开源节流，培植财源。开源就是在创业过程中除了抓好主要项目创收外，还要注意广辟资金来源。节流就是节省不必要的开支、勤俭节约，要学会管理资金理好财。

4. 学会用人　创业者要在创业这个复杂的社会活动中获取成就，就必须有善于用人的才能。创业时期要注意集聚人才，招揽人才，能够知人善任；善于发现、使用、培养人才，充分调动他们的主观能动性；还要善于吸纳比自己强或有某种专长的人共同创业。

（四）交往协调能力

交往协调能力是指能够妥善地处理与公众（政府部门、新闻媒体、客户等）之间的关系，以及能够协调下属各个部门成员之间关系的能力。良好的人际关系是创业者成功的重要因素。创业过程中创业者要和方方面面的人打交道,交往、沟通、妥善处理人与人之间的关系,搞好内外团结、排除障碍、化解矛盾、与他人和谐共处、征求他们的支持和帮助、降低工作难度、增加信任度,从而建立一个有利于自己创业的和谐环境,为成功创业打好基础;更有助于扩大企业影响和创业的发展,从而促使事业的成功。因此,学习人际交往知识,并在实践活动中不断积累总结经验,提高人际交往实践能力,是每一个创业者适应社会,开展创业活动中必不可少的一项基本功。

案例7-5

英国著名戏剧作家萧伯纳有一次访问前苏联,漫步莫斯科的街头,遇到一位聪明伶俐的小姑娘,便与她玩了很长时间。分手时,萧伯纳对小姑娘说:"回家告诉你妈妈,今天同你玩的是世界上有名的萧伯纳。"小姑娘望了萧伯纳一眼,学着大人的口气说:"回家告诉你妈妈,今天同你玩的是苏联小姑娘安妮娜。"萧伯纳当时大吃一惊,立刻意识到自己太傲慢了,后来他常回忆起这件事,并感慨万分地说:"一个人无论有多大的成就,对任何人都应该平等对待,要谦虚,这个苏联小姑娘给我的教训,我一辈子也忘不了!"在交际中,必须尊重他人的自尊心和感情,只有树立平等待人的意识,才能为交往创造良好的条件。

(五)判断决策能力

判断决策能力就是发现并有效利用机会的能力,也就是决定做或不做、做什么、怎么做和什么时候做的能力。决策是一个人综合能力的表现,一个创业者首先要成为一个决策者。创业者的决策能力通常包括:分析、判断能力和创新能力。判断决策能力是社会职业能力中最重要的技能之一,正确的决策来源于正确的判断;正确的判断来源于准确的信息和周密的调查研究。一个创业者的决策正确与否,事关事业的成败。真正的创业者往往是在别人跃跃欲试时,他已果断做出决策,抓住机遇,抢占先机。因此,创业者在经济大潮中拼搏,必须善于捕捉政策信息,把政策信息转化为商机,并作出正确的经营决策。

(六)社会综合能力

社会综合能力是一种特殊能力,是创业者在创业时间中学会学习、学会做人、学会生存、学会发展、学会创造的综合性能力的概括。在创业能力中,综合能力是一种最高层次的能力,具有很强的综合特征,它由多种特殊能力与经营管理能力综合而成。这些特殊能力一旦与经营管理能力相结合,就从整体上全方位地影响和作用于创业实践活动,使创业实践活动的

方式和效率发生显著的改变。这些特殊能力主要有心理承受能力、学习能力、把握机遇的能力、创新能力、抗挫折能力、信息的获取加工能力、个人潜能挖掘能力、语言文字能力、组织指挥能力,灵活应变能力、自我控制能力、策划能力等。

当然,这并不是要求创业者必须完全具备这些素质和能力才能去创业,但创业者本人要有不断提高自身素质和能力的自觉性和实际行动。提高素质和能力的途径:一靠学习,二靠实践。要想成为一个成功的创业者,就要做一个终身学习者和自我实践者。

考点提示:创业者应具有的能力

第2节 熟悉创业准备的程序与要求

案例7-6

小红是学医的,毕业后在一家牙科诊所里工作。一天在报纸上看到一则消息:欧美掀起"水晶美牙热",这股热潮现在已经波及上海、北京等大城市。她认为女性牙饰店是时尚的前沿,想到就行动,于是立刻查找资料,了解这个行业。她取出全部积蓄,租了间闹市边上的门面房。然后去了上海进了一批水晶牙饰和黏合剂,又买了相关的洗牙设备和器械。并依法办理各种手续,开张营业。这个市场很有潜力,很快就在时尚女性中流行开来。在为顾客检查口腔的过程中,小红发现很多人的牙齿都有这样那样的毛病。她决定在服务项目上拓宽思路,开展洗牙、镶牙服务。这项业务的开通,又给牙饰店带来了不少的收入。这样一来,牙饰店的业务就成了洗牙、镶牙、装牙饰一条龙了,收入颇丰。她暗暗庆幸选对了创业项目。后又拓展了上门服务和男性美齿业务。对于她来说,在打造这份美丽的事业时,不仅收获的是一个个美丽的笑脸,还有一大笔财富。

问题:

小红的创业成功给我们什么启示?

一、熟悉创业流程

随着社会的发展,创业成为了众多青年人的梦想。熟悉创业流程是进行创业活动的基础。创业的基本流程是:进行市场调查确定创业项目、准备创业条件、依法办理各种手续、开始企业经营。

(一)确定一个好的创业项目

项目的选择必须以市场为导向。就是说搞什么项目不能凭自己的想象和愿望,要认真进行市场调研,要从适应社会需要出发,要选择国家政策鼓励和

支持,并有发展前景的行业。还要充分利用自己的优势和长处,干自己有兴趣的、熟悉的事。要量力而行,从干小事,求小利做起。

(二)准备创业条件

俗话说"不打无准备之战",创业者要想成功,必须扎扎实实做好充分准备和知识的不断积累。①选择好了项目后就是寻求资金了。创业者在筹措创业资金时,必须是以能支付公司创业第一年内所有的营运开销为目标。一般而言,创业者募集创业资金的来源有:自己的薪资、亲戚、朋友、银行、房屋抵押、信用卡借贷等。②在创业前制订一份完整的、可执行的创业计划书。通过调查和资料参考,要规划出项目的短期及长期经营模式,以及预估出能否赚钱、赚多少钱、何时赚钱、如何赚钱以及所需条件等。当然,以上分析必须建立在现实、有效的市场调查基础上,不能凭空想象,主观判断。根据计划书的分析,再制定出创业目标并将目标分解成各阶段的分目标,同时订出详细的工作步骤。③企业的创办者不可能万事皆通。有了创业计划和创业能力及知识后,还需要组建一支执行力强,动作效率高的团队。团队是创业项目成功的基础。

(三)企业设立的基本程序

作为一个创业者,要创建一个新的企业或者发展一个新的经营方向,它的开办与经营需要得到社会相关职能部门的认可与批准,需要依法办理各种手续。只有把这些手续全部办完,才能成为一个合法的企业。基本程序如下。

1. 确定公司住所　要租一间办公室,如果你自己有厂房或者办公室也可以,有的地方不允许在居民楼里办公。租房后要签订租房合同,并且一般要求必须用工商局的统一制式租房协议,并让房东提供房产证的复印件,房东身份证复印件。

2. 办理企业名称核准　名称核准就是到工商局为自己的企业起一个名字。向企业所在区的工商行政管理部门提出企业名称预选,核准申请书。经工商部门查阅核准后,给予认可。

3. 前置审批　国家和有关部门对一些特殊行业企业开办有特殊的审批规定,如外资、餐饮、音像、电信、烟草、医药等行业必须经过国务院及有关主管部门的许可后方可注册成立或者开始经营,一般企业不需要。

4. 形成公司章程　可以找人代写,也可以从工商局的网站下载"公司章程"样本,修改后,由所有股东签名,并署名日期。

另外,还包括刻私章、办理验资报告、注册公司(申请企业营业执照)、刻制公章及备案、办理税务登记等程序。

链接

企业设立程序

(1)办理验资报告:携带银行出具的股东缴款单、银行盖章后的征询函、公司章程、名称预先核准通知书、全体股东身份证复印件、房租合同、房产证复印件,到会计师事务所办理验资报告。

(2)注册公司(申请企业营业执照):在注册之前有需要前置审批的特殊项目需要提交前置审批,然后到工商局领取公司设立登记的各种表格,包括设立登记申请表、股东(发起人)名单、董事经理监理情况、法人代表登记表、指定代表或委托代理人登记表。填好后,连同核名通知、公司章程、房租合同、房产证复印件、验资报告一起交给工商局。

二、了解市场行情

市场调查是市场营销活动的起点,它是通过一定的科学方法对市场了解和把握,在调查活动中收集、整理、分析市场信息,掌握市场发展变化的规律和趋势,为企业进行市场预测和决策提供可靠的数据和资料,从而帮助企业确立正确的发展战略。

(一)市场调研的基本途径和内容

1. 市场调研的基本途径　没有调查就没有发言权。要评估项目的可行性,必须要开展充分的市场研究工作。常见的市场调查有以下一些途径:①抽取样本调查(包括询问,填问卷表等方法)。②通过相关行业协会或部门来查询数据。③通过行业人员和自身经验来推测。④通过互联网来收集查询信息。

链接

创业信息的来源

通常可以分为两种:①第一手资料,包括通过实际市场调研,对企业及顾客的询问调查得到的信息资料;从直接参与相关活动的人员处获得的资料。②第二手资料,此类为已经存在于某些地方、经过处理、在调查研究中可以使用的数据或文献资料。创业者主要通过收集一些公开的政府出版物、商业、贸易期刊、报纸、杂志,政府和经销商、广告代理商、行业协会信息系统中提供的统计资料,了解有关产品及市场信息。这些资料的整理分析,有助于了解整个市场的宏观信息,对企业了解市场的整体情况帮助很大。但由于二手资料是在过去或者在不同条件下收集来的,对项目的实用性会受到限制。

实际的市场调研工作是将上述两类资料结合起来,进行比较、分析、整理,得出市场调研的总结论。两者在市场调研过程中缺一不可,相互补充。

2. 市场调查的内容　市场调查的内容很多,因企业和情况而异。市场调查的内容涉及市场营销活动的整个过程,综合起来分为六类。

(1)市场环境的调查:市场环境的调查主要包括政治法律环境调查、经济环境调查、人口环境调查、自然环境和科学环境调查、社会人文环境调查。

链接

市场环境调查的相关内容

(1)政治法律环境:主要内容有政治体制和经济体制、国家制定的方针和政策(特别是有关学生创业的特殊的政策),国家及地方颁布的法律法规和章程等。

(2)经济环境:主要内容有国民经济发展状况、消费者收入水平及消费结构、投资环境以及市场化程度等。

(3)人口环境:主要包括人口数量、人口增长速度、人口密度、年龄结构等。

(4)自然环境和科学环境:主要包括原料、动力等资源状况以及环境污染程度、科学发展动态、气候等。

(5)社会人文环境:主要包括有文化传统、生活风俗习惯、价值观念、社会风尚以及审美观念等。

(2)市场需求调查:市场需求调查,即调查企业产品在过去几年中的销售总额,现在市场的需求量及其影响因素。市场需求调查主要包括消费者需求量调查、消费者收入调查、消费结构调查、消费者行为调查等。特别要重点进行购买力调查、购买动机调查和潜在需求调查,其核心是寻找市场经营机会。

(3)市场供给调查:市场供给调查主要包括产品生产能力调查、产品实体调查等。具体为某一产品市场可以提供的产品数量、质量、功能、型号、品牌等,生产供应企业的情况等。

(4)市场营销因素调查:市场营销因素调查主要包括产品、价格、渠道和促销的调查。产品的调查主要有了解市场上新产品开发的情况、设计的情况、消费者使用的情况、消费者的评价、产品生命周期阶段、产品的组合情况等。产品的价格调查主要有了解消费者对价格的接受情况,对价格策略的反应等。渠道调查主要包括了解渠道的结构、中间商的情况、消费者对中间商的满意情况等。促销活动调查主要包括各种促销活动的效果,如广告实施的效果、人员推销效果、营业推广的效果和对外宣传的市场反应等。

(5)市场竞争情况调查:市场竞争情况调查主要包括对竞争企业的调查和分析,了解同类企业的产品、价格等方面的情况,他们采取了什么竞争手段和策略,做到知己知彼,通过调查帮助企业确定企业的竞争策略。

(6)政策法规情况调查:政府政策的变化、法律、法规的实施,都对企业和产品有重大影响,如税收政策、银行信用情况、能源交通情况、行业的限制等,也是市场调查不可分割的一部分。

(二)市场调研的基本技巧和方法

市场调查的方法多种多样,同时有相应的技巧。无论是什么调研方法,调查前要根据项目预选中碰到的问题,列出详细的提纲和调查要达到的要求,制定时间表,考虑好调查对象,场合和时间,做好调查样本的设计和准备工作。除了极个别的市场调研,对绝大多数商业调研而言是无法进行普查的,所以我们要抽取样本调研。样本量越多,调研精度越高,但每个调研对象应该出现一次,而且,只能出现一次。

链接

常用的市场调查方法

(1)观察法:在市场调研中,观察法是指由调查员直接或通过仪器在现场观察调查对象的行为动态并加以记录而获取信息的一种方法。是市场调查研究的最基本的方法。

(2)实验法:实验法是由调查人员根据调查的要求,用实验的方式,对控制在特定的环境条件下的调查对象进行观察以获得相应信息的一种方法。这种方法主要用于市场销售实验和消费者使用实验。

(3)访问法:是指访问者应用口头交谈的方式,向被访问者提出问题,由被调查者回答,以此了解市场实际情况,搜集有关资料,获得市场信息的方法。

(4)问卷法:问卷法是通过设计调查问卷,让被调查者填写调查表以获得所调查对象的信息的方法。问卷能把采集信息的程式化问题进一步简洁明了化,它是市场调研中经常要用到的方式。

市场调查的方法,可分为两大类:统计分析研究法和现场直接调查法。

1. 统计分析研究 就是在室内对各种资料进行研究的方法,其前提是对已有的统计资料和调查资料进行系统研究和分析。

2. 现场直接调查 是最可靠的方法。常用的市场调查方法主要有:观察法、实验法、访问法和问卷法。

三、创业中应该注意的问题

创业并不简单,创业必须要贡献出时间、付出努力,承担相应的财务的、精神的和社会的风险,并获得金钱的回报、个人的满足和独立自主。学会规避风险是创业者应该掌握的技能,学会承担风险是创业者应该具有的品质。

(一)重视风险,忌盲目创业

创业具有一定的风险性,创业的过程就是充满风险的过程。任何一个企业在经营的过程中出现风险都是必然的,发生一定损失也是不可避免的。创业者要充分重视风险的识别与防范,要有受罪的心理准备,敢于去市场经济的大潮中劈风斩浪,但也不要过于恐惧风险的发生,关键是如何识别这些风险,将风险的发生控制在一定范围之内,善于规避风险,化解风险,尽量降低损失。

目前学生创业最缺乏的不是热情,也不是创意,而是吃苦耐劳、坚忍不拔的精神,还缺乏对国家法律、法规、政策以及投资风险的认识,又加上经验欠缺、能力不足、意识偏差等原因,导致创业成功率明显偏低。学生创业需具有很强的专业性、技术性、风险性和复杂性,因此,学生不能盲目创业。学生创业前要做好充分的准备,一方面,去企业打工或实习,积累相关的管理和营销经验;另一方面,积极参加创业培训,积累创业知识,接受专业指导,提高创业成功率。

(二) 收集信息,忌纸上谈兵

学生真刀实枪的创业,要面对各种各样的问题,并非纸上谈兵那么简单。学生创业者缺乏经验,不习惯对其产品或项目做市场调查,而是进行理想化的推断,这种推断方法是站不住脚的,而且常常起着误导作用。学生在创业初期一定要做好市场调研,养成观察与思考的习惯,要较好地识别企业经营过程中有哪些风险,风险发生的概率有多大,全面观察收集这些信息,观察得越仔细,掌握的信息就越准确。观察之后必须进行思考,做到三思而后行。一些可行性研究也可委托专业机构进行,在了解市场的基础上创业,才能长久。

(三) 慎重决策,忌单打独斗

在强调团队合作的今天,创业者想靠单打独斗获得成功的概率正大大降低。团队精神已成为不可或缺的创业素质。如今的学生一般都有个性,自信心较强,在创业中常常自以为是、刚愎自用。在投资决策的时候切忌凭个人经验、人云亦云、优柔寡断、想当然,应该建立在有合作能力的创业团队的基础上,充分了解情况、综合分析权衡各种备选方案。另外,现代社会是复杂多变的,学生要适应这种状况,就要多观察、多思考,对创业过程中遇到的新问题、新事物,能够进行科学判断,审时度势,急中生智,做出正确的决策,否则会承担额外的风险,影响创业的成功率。因此,对打算创业的学生来说,强强合作,取长补短,要比单枪匹马更容易积聚创业实力。

(四) 善于分析,忌眼高手低

学生长期待在校园里,对社会缺乏了解,特别在市场开拓、企业运营上,很容易陷入眼高手低的误区。

要创业,首先要从众多的创业目标以及方向中进行分析比较,选择最适合发挥自己特长与优势的创业方向和途径、方法。比尔·盖茨的神话,使IT业、高科技业成为学生眼中的创业金矿,以至于不少学生不屑于从事服务业或技术含量较低的行业。其实,高科技创业项目往往需要一大笔启动资金,创业风险和压力都非常大,学生如果对自身经验和能力认识不足,对创业的期望值又过高,一开始就起点较高,很容易失败。因此,学生创业不妨放平心态,深刻了解市场和自己,捕捉政策信息,从实际做起。

考点提示:学生创业中应该注意的问题

小 结

本章内容为立足自身发展 实现创业理想。第一节是培养创业者的素质和能力。本节内容包括:①了解创业的含义和类型:创业就是创办自己企业的一系列活动。国内创业者的基本类型有生存型创业者,主动型创业者,赚钱型创业者,反欺诈委托加盟。②掌握创业者应该具备的素质和能力:创业者需具备思想道德素质、科学文化素质、心理素质、身体素质;创业能力有专业技术能力、经营管理能力、沟通协调能力、决策能力和开拓创新能力,心理承受能力、学习能力、把握机遇的能力等。第二节内容是熟悉创业准备的程序与要求。本节内容包括:①熟悉创业流程;②了解市场调研的基本途径和内容;③理解市场调研的基本技巧和方法;④理解创业中应该注意的问题。

目标检测

一、填空题

1. 国内创业者的基本类型有( )( )( )和( )。
2. 市场调研的基本途径有( )( )( )和( )。
3. 市场调查的方法,可分为两大类( )和( )。

二、判断题

1. 创业就是创办自己企业的一系列活动。( )
2. 创业意识是指在创业实践活动中对人起动力作用的个性心理倾向。( )
3. 专业知识是知识结构的核心部分,是学生创业的支点,是竞争取胜的核心要素。( )
4. 所有企业都需要经过前置审批。( )
5. 健康的身体是开拓事业的前提和有力保证。( )
6. 创业者如果具有坚强的意志,体现了他有良好心理素质。( )
7. 一个创业者的决策是否正确与事业的成败无关。( )
8. 人际交往能力,是开展创业活动中必不可少的一项基本功。( )
9. 市场调查是创业中相当重要的一个环节。( )
10. 设计调查问卷时越长越好。( )

三、单项选择题

1. 对创业含义的理解,错误的是(　　)
   A. 创业是实现某种追求或目标的过程
   B. 创业,是中职生职业生涯走向低谷的标志
   C. 创业是创立基业、创办事业
   D. 创业是指创业者的生产经营活动

2. 创业者占中国创业者总数的90%的创业的类型是(　　)
   A. 生存型创业者　　　　B. 主动型创业者
   C. 赚钱型创业者　　　　D. 反欺诈委托加盟

3. 学生在树立自主创业意识时正确做法是(　　)
   A. 学生把找工作寄托在父母及亲友身上,等待国家和社会的安排
   B. 学生认为学历低,不能创出一番轰轰烈烈的大业
   C. 普通人也可以成为创业的主体
   D. 创业能力是天生的,自己不属于创业型,没有这份能力

4. 下列不属于创业意识的是(　　)
   A. 创业动机　　　　　　B. 交际能力
   C. 风险意识　　　　　　D. 责任观念

5. 某机械厂的一位领导说:"机械工业工艺复杂,技术密集,工程师在图纸上画得再好、再精确,工人操作中如果差那么一毫米,最终出来的就可能是废品。"这段话主要强调(　　)
   A. 身心素质　　　　　　B. 职业道德
   C. 思想政治　　　　　　D. 专业技能

6. 创业者素质中最主要的方面是(　　)
   A. 思想道德素质　　　　B. 科学文化素质
   C. 心理素质　　　　　　D. 身体素质

7. 在创业能力中最为基础的能力是(　　)
   A. 专业技术能力　　　　B. 交往公关能力
   C. 创新能力　　　　　　D. 抗挫折能力

8. 创业过程中,创业者正确的做法是(　　)
   A. 学会规避风险　　　　B. 纸上谈兵
   C. 单打独斗　　　　　　D. 眼高手低

四、简答题

1. 创业者要想创业成功需具备怎样的素质?
2. 学生创业需要的创业能力有哪些?
3. 学生创业中应该注意的问题有哪些?

五、案例分析

　　口腔专业毕业的小杨,毕业后盲目创业,卖过服装、食品、电器耗材,但没有成功。这时他参加了自主创业者创业知识讲座。经过专家的分析,他发现自己最大的长处还是所学的专业。后来他开了一家牙科诊所,他感到自己有了发展的方向。

　　(1) 读了上述材料,你有什么启发和感受?
　　(2) 如果你创业,有哪些素质和能力优势以及能够挖掘的资源?

(邢腊霞)

目标检测选择题答案

第1章
1.C　2.D　3.A　4.B　5.A　6.D　7.A　8.B
9.D　10.B

第2章
1.B　2.D　3.B　4.D　5.C　6.A

第3章
1.A　2.C　3.D　4.B　5.C　6.B　7.D　8.C
9.A　10.D

第4章
1.A　2.A　3.B　4.A　5.C　6.D　7.C　8.C

9.B　10.D

第5章
1.C　2.B　3.A　4.D　5.D　6.A　7.C　8.C
9.B　10.D

第6章
1.B　2.D　3.D　4.C　5.A　6.C　7.B

第7章
1.B　2.A　3.C　4.B　5.D　6.A　7.A　8.A

教 学 大 纲

一、课程性质与任务

职业道德与职业生涯规划是中等职业学校学生必修的一门德育课程。本课程以邓小平理论和"三个代表"重要思想为指导,深入贯彻落实科学发展观,对学生进行职业道德教育和职业生涯教育。其任务是提高学生的职业道德素质,引导学生科学地进行职业生涯规划,并以此规范和调整自己的行为,从而实现顺利就业。

二、课程教学总体目标

帮助学生了解文明礼仪的基本要求、职业道德的作用和基本规范,陶冶道德情操,增强职业道德意识,养成职业道德行为习惯;帮助学生掌握职业生涯规划的基础知识和常用方法,树立正确的择业观,增强职业素质和职业能力意识,不断提高主动适应社会需要的能力,做好就业创业准备。

三、教学内容及具体教学目标和要求

第1章 塑造良好形象 讲究职业文明
【教学目的和要求】

使学生了解个人礼仪、交往礼仪、职业礼仪的基本要求,理解礼仪蕴涵的道德意义,提高礼仪素养,养成文明礼仪习惯。自觉践行礼仪规范,做讲文明、有礼仪的人。

【教学内容】

第1节 个人礼仪提升自己的个人魅力

一、个人礼仪的基本要求

二、个人礼仪的作用

三、养成遵守个人礼仪的习惯

第2节 交往礼仪营造和谐人际关系

一、交往礼仪的基本要求

二、交往礼仪的作用

三、养成遵守交往礼仪的习惯

第3节 职业礼仪展示职场风采

一、职业礼仪的基本要求

二、职业礼仪的作用

三、践行职业礼仪,展示职业风采

第2章 提升道德境界 遵守职业道德
【教学目的和要求】

使学生了解公民道德和职业道德基本规范,增强敬业爱岗精神和诚信、公道、服务、奉献等职业道德意识,特别了解医护工作者的职业道德,逐步养成良好的职业行为习惯。

【教学内容】

第1节 道德是人生发展、社会和谐的重要条件

一、恪守道德规范 加强道德修养

二、提升道德境界 促进社会和谐

第2节 职业道德是职业成功的必要保证

一、职业道德的内涵、特点和作用

二、职业道德的基本内容

三、医护工作者的职业道德

第3节 职业道德行为及其养成

一、职业道德行为养成的内涵和作用

二、职业道德行为养成的方法和途径

第3章 认识自身条件 促进职业生涯发展
【教学目的和要求】

了解医疗行业对从业者的个性要求和自己的个性特点。理解培养职业兴趣、塑造职业性格、提高职业能力对职业生涯发展的重要意义。帮助医学生从职业的角度,树立正确的成才观,把个人发展和经济社会发展结合起来,热爱专业,增强职业生涯成功的自信心。

【教学内容】

第1节 培养职业兴趣 热爱医疗事业

一、职业兴趣的含义

二、职业兴趣的作用

三、职业兴趣的类型

四、从所学医学专业出发培养职业兴趣

第2节 塑造职业性格 积极服务社会

一、职业性格的含义

二、职业性格的类型

三、职业对从业者性格的要求

四、医学生职业性格培养的内容和方法

第3节 培养职业能力 提升职场竞争力

一、能力的含义和分类

二、职业能力的含义和构成

三、医学生怎样提升职业能力,铸就职场成功

第4章 认知职业生涯环境 合理进行职业规划
【教学目的和要求】

帮助学生通过家庭环境、学校环境分析,了解家庭环境和学校环境在求职中的影响和作用,挖掘身边资源、把握社会趋势,科学地进行职业生涯规划,将自身发展与家庭的期望、社会的发展有机地结合起来,学会运用 SWOT 分析方法确定自己的职业生涯目标。

【教学内容】

第 1 节　分析家庭和学校环境　准确定位自身发展

一、家庭环境分析

二、学校环境分析

第 2 节　挖掘身边社会资源　合理进行职业规划

一、身边的社会资源

二、合理运用社会资源进行职业规划

第 5 章　确定人生发展目标　制定科学发展措施

【教学目的和要求】

了解职业生涯发展目标的构成,指导学生掌握确定职业生涯发展目标、构建发展台阶和制定发展措施的要领,启发学生运用所学结合专业设计各阶段目标,制定相应的发展措施,从而发挥职业生涯规划激励学生勤奋学习、敬业乐群、积极进取的作用。

【教学内容】

第 1 节　确定发展目标　结合实际进行选择

一、职业生涯发展目标的构成

二、职业发展目标必须符合发展条件

三、职业发展目标的选择

第 2 节　构建发展阶梯　制定发展措施

一、阶段目标的特点和设计思路

二、制定近期目标计划并付诸实现

第 6 章　做好就业准备　尽快融入社会

【教学目的和要求】

树立正确的就业观、择业观,初步掌握求职的基本方法和技巧,警惕求职风险,培养良好的就业心理素质,顺利完成从"学校人"到"职业人"的角色转换,引导学生提高适应社会、融入社会的能力。

【教学内容】

第 1 节　树立正确的就业观念　做好就业准备

一、我国的就业形势

二、树立正确的就业观念

三、掌握求职技巧

第 2 节　警惕求职风险　培养良好的就业心理素质

一、警惕求职风险

二、培养良好的就业心理素质

第 3 节　提高职业生涯能力　尽快融入社会

一、医学生就业后的角色转换

二、做好适应社会、融入社会的准备

第 7 章　立足自身发展　实现创业理想

第 1 节　培养创业者的素质和能力

一、创业的含义和类型

二、树立自主创业意识

三、培养创业者的素质

四、提高创业者的能力

第 2 节　熟悉创业准备的程序与要求

一、熟悉创业流程

二、了解市场行情

三、创业中应该注意的问题

四、教学原则和方式方法

（一）教学原则

1. 坚持正确的价值导向　以中国特色社会主义理论为指导,增强教育的时代感,坚持教育的社会主义方向,确保思想理论观点和价值取向的正确性。

2. 贴近学生、贴近职业、贴近社会　以学生的发展为本,关注学生的需求,引发学生的兴趣,服务于学生的终身发展,加强教育的针对性、主动性,提高教育的实效。

3. 坚持知、信、行相统一　淡化传统的学科体系,精选教学内容,教授必要的知识;帮助学生认同道德规范特别是职业道德和职业生涯规范,逐步内化为自己的信念;引导学生践行职业道德和职业生涯规范,并且付诸实际行动。做到理论与实际相结合,知、信、行相统一。

4. 加强实践环节　转变单向传授的教学方式,给学生参与、体验、感悟和内化的机会。充分发挥学生的主体作用,注重引导学生合作探究、在实践中学习。

（二）教学方法

1. 根据学生认知水平、年龄、学科特点、社会经济发展及专业实际,深入浅出,寓教于乐,多用喜闻乐见的形式,多用疏导的方法、参与的方法、讨论的方法,增强吸引力和感染力。

2. 着力于自我控制能力和团队精神的培养,调动学生主动学习的积极性。在规划设计过程中,为学生加强交流、互相启发创造条件;在规划落实过程中,为学生互相帮助、互相促进创造条件。

3. 教学方法评价要以实现教学大纲规定的教学目标为依据,有助于增强学生对教学内容的理解,有助于学生制订既实事求是、又富有激励功能的发展规划,有助于学生主动按照职业对从业者的素质要求规范自己的行为。

（三）活动建议

结合教学内容,利用校内外的德育资源,用课堂教学时间或综合实践活动时间,有计划地组织学生开展参观访问、社会调查、志愿服务等实践活动。活动要体现学生的主体作用,教师要对学生活动的全过程给予认真、及时的指导。要通过撰写调查报告、小论文、活动总结等方式,整理学生的收获,交流学生的体会,展示学生的学习成果。在实习阶段,要注重引导学生将职业道德和职业生涯规划的知识运用于实践、指导自己的行为。

（四）教学资源

1. 教学用具　教师应充分利用教材所提供的资源开展教学活动,并恰当使用挂图、投影、录音、录像、多媒体教学软件及校园网等辅助教学,尤其重视运用现代信息技术手段辅助教学。

2. 教学资源的开发 教学资源包括教学参考书、教学挂图（投影片）、音像资料、多媒体教学资料、案例选编等文本教学资源，包括道德楷模、职业指导专家和德育基地等社会德育资源。

五、课时计划及分配建议

本课程总学时为 36 学时，每周 2 学时。

章序	课程内容	学时
1	塑造良好形象　讲究职业文明	6
2	提升道德境界　遵守职业道德	6
3	认识自身条件　促进职业生涯发展	6
4	认知职业生涯环境　合理进行职业规划	4
5	确定人生发展目标　制定科学发展措施	4
6	做好就业准备　尽快融入社会	6
7	立足自身发展　实现创业理想	4

参考文献

陈浩凯，万学章 . 2010. 大学生就业与创业教程 . 长沙：湖南科学技术出版社

大学生创业教育委员会 . 2010. 大学生创业教程 . 上海：立信会计出版社

胡堪志 . 2009. 就业指导与创业教育 . 北京：北京理工大学出版社

江苏省高校招生就业指导服务中心 . 2008. 大学生创业教育 . 南京：江苏教育出版社

柳君芳，姚裕群 . 2009. 职业生涯规划 . 北京：中国人民大学出版社

浦卫忠，姜闽虹 . 2012. 大学生创业研究 . 北京：北京理工大学出版社

人民教育出版社课程教材研究所思想政治课程教材研究开发中心 . 2009. 职业道德与法律 . 北京：人民教育出版社

谈铃华 . 2011. 职业道德与职业生涯规划 . 北京：人民卫生出版社

唐平 . 2007. 市场营销学 . 北京：清华大学出版社

詹万生 . 2001. 职业道德与职业生涯指导 . 北京：教育科学出版社

张程山，李毅 . 2012. 职业道德与职业生涯规划 . 北京：科学出版社

张再生 . 2010. 职业生涯规划 . 第 3 版 . 天津：天津大学出版社

邹宣，放选龄，宁灵辉 . 2011. 职业道德与法律 . 上海：上海交通大学出版社